一生感動

米鸿宾 著

日本
匠人精神
與家訓

人民东方出版传媒
东方出版社

序言　一生感动

真正的智者，皆能让自己的工作成为功夫。

一、以人为本

饱读诗书的外公对我影响至深。最令我难忘的是，他不厌其烦地对我耳提面命两点：一是做好自己，努力让自己成为光源；二是君子藏财于天下，无须去取。只要你真有智慧，就会有意想不到的财富和资源向你汇聚，这叫天佑。这两句话，镌刻在我生命中几十年，我扎实地践行着，并深受其益。

外公还会讲日语。20世纪80年代日本电视剧《血疑》在中国风靡，它是黑白电视时代无数人心中最动人的爱情故事。每次观看，外公都会时不时地用日语讲主人公山口百惠与三浦友和的名字以及剧中的一些日语熟语。而这，竟成了我与日本结缘的初因。

后来，外公时常叮咛：学好中国文化后，一定要去日本看看，会对你的所学，有别开生面的帮助！这是他给我唯一的出国建议。他还有句让我一生铭记的箴言："发心庄严，一切善护自来。"长大后，在中国湖南长沙蒋棠大善人的无私襄助下，十翼书院蔚然至今，门生广布海内外。这种善护的恩情，我终生铭记！

而门生之中，亦有不可思议之处：在所有外国门生中，来自日本的最多！因缘就此开始渐渐饱满。

从小外公对我的开蒙，是从中国文化"四书"中《大学》开始的。《大学》中的儒学八目（即格物、致知、诚意、正心、修身、齐家、治国、平天下），虽然为人所熟知，但外公说："不精通'格物'的智慧，后面七目就都是空中楼阁，更不可能精通中国文化的精髓。"这个灼见，也正是时下学界问题之滥觞。

古语说："路头一差，愈骛愈远，由入门之不正也。"（宋代严沧浪《沧浪诗话·诗辩》）

是的，做任何事，都要路径正确，否则交友、结伴、谋事，乃至安身立命……一旦南辕北辙，必定狼藉满地，苦不堪言！

"格物"是中国智慧的基础，更是证道的津梁，而欲熏习格物智慧，就必须先了解其经脉：《诗经》立论，《大学》夯基，《易经》生智，三者缺一不可（更详细的解读请见拙作《解密中国智慧》）。其中，《易经》是探究事物势能变化规律的经典，属于格物学范畴。《易经》由"经"和"传"两部分组成。其中，《易传》又称"十翼"（十翼书院名字之由来），是解读《易经》的十个翅膀，不精通"十翼"，则无法在《易经》的智慧海洋中遨游。《易经》所倡导的"天人合一"的思想，是建立在"洁静精微，《易》教也"（《礼记·经解》）和"《易》无思也，无为也，寂然不动，感而遂通天下之故"（《易经·系辞》）基础之上的，其"同声相应，同气相求；事事相关，物物相应；近取诸身，远取诸物；其大无外，其小无内"的三十二字应用原则，是中国格物智慧的窍诀所在！

在中国文化中，最具格物智慧代表性的人物是北宋五子之一的邵雍，他曾说："妄意动时难照物，俗情私处莫知人。"（《毛头吟》）强调只有做到洁、静、精、微，心如明镜，才能饱具格物的功夫。

人生，若能做到洁、静、精、微，则禄在其中矣！智慧也会因此得到固化，生命也会安于实处，继而便能与万物并一，可为天地守神。

中国文化是"形而上"的智慧。并且，人越无私，就越有智慧，越有先见之明的能力，就越能所向披靡！这是因为："无私，百智之宗也。"（战国《尸子》）无私之心，是所有智慧的源泉！

南宋大儒陆九渊说："圣人之道有用，无用非圣人之道。"而圣人之道有四——察言、观变、制器、卜占（《易经·系辞》）。其中，"制器"指的是良匠之功。中国文化强调"形而上者之谓道，形而下者之谓器"(《易经·系辞》)。其中,"形而上"是渺冥不可见的精神,"形而下"是一切可见的实物。实物若能载道,则必有无形的天理价值在其中,这就是人们常说的"道在器中"。

有道之人,依凭其道心所创造和生发的一切事物皆为有道之器。

而这,也是孔子强调"君子不器"的原因所在,即:真正的君子,不是器物,而是"道"的载体!

二、物以载道

世界上的文明结构,大体可分为三种:精神文明,制度文明,器物文明。

其中,器物文明在中华文化史中展现得淋漓尽致,诸多典籍中记载的匠人事迹,直至今日都是十分惊人的!也可以说,中国是历史上最早的匠人文化发源地,无数人对器物的精良制作,已经达到了出神入化的程度。即便是深深影响日本的大唐盛世,其匠工之作在宋代沈括的笔下,也颇受鄙夷——称唐人对器物的赞美为"贫眼",言外之意,是唐人所描述的那些赞不绝口的器物,跟他们宋代的器物相比,实在是太 low 了!

女儿上小学时,我才知道:原来,日本的学生书包是享誉世界的!于是,假期我便带她去日本奈良见学知名的书包企业。在那里,听课,实践,参观,了解每一个制作细节,大人小孩都非常震撼!在此过程中,对方在给我们介绍书包的同时,还言及了日本学生在书包中的必备物品。没想到,其中竟然还有几乎被我们遗忘的哨子——学生们在任何时候,一旦走失,便可以吹哨子求援,因为其声音特殊,很容易便能平安归队。

日本生产哨子最著名的企业，是野田员弘氏于1919年创办的日本野田鹤声社株式会社，这是一家仅有5人的百年企业。社长野田员弘氏一度汇集了数百名专家，集体研究哨子，力求精益求精，最终从野鹤的声音中获得了启发，生产出独树一帜的产品！这个小小哨子，竟远销世界45个国家，出口了1500万个（美国占了1/5），最贵的哨子价格超过2万美元，每年创利达7000万美元。在世界杯足球赛上，野田鹤声社的哨子是裁判专用哨。更令人惊叹的是，他们的哨子种类竟有上千种，除校用之外，还有美国警察专用哨、用于狗狗的无声哨、世界著名大马戏团使用的哨子……一个不起眼的小小哨子，他们做到了极致！

可见，敬业是最好的爱国方式。

野田鹤声社的极致哨子，让我想起了日本服务业豪迈的业训——"服务到你绝望"！

以日本商场的迎宾员为例，他们平均每天鞠躬2500个，并且鞠躬须经过专业训练，包括眼神、动作、鞠躬角度（30°-45°）等，而支撑他们经年累月这么做的，正是他们视敬业为天职的信念！

这种信念告诉人们：无论做任何事情，都不要做随波逐流的尘埃和泥沙，要专心敬业、厚积薄发、养好精气神，成其伟大！

久而久之，你便会发现：你若有道，群迷自来！

如果你问："道"在哪儿呢？就在此书别开生面的"一生感动"之中！

米鸿宾

2021年3月5日，于日本大阪十翼斋

目　录

第一章　造物育人

如切如磋，如琢如磨。

——《诗经》

第一节　人财共育——匠人与匠人精神

一、中国文化中的匠人精神

"莫言工技皆卑屑，亦作人间万古师。"

作为代表技艺极为精湛的"匠人"一词，早在我国周朝时期便是官名，相关文献记载也颇为丰富——

《礼记·杂记下》："匠人执羽葆御枢。"此为掌管宫室都邑修造的工匠之官。

《周礼·冬官·考工记》："匠人营国，方九里，旁三门。""攻木之工：轮、舆、弓、庐、匠、车、梓。"此为掌管木作，尤其是造车的工匠之官。又载："匠人为沟洫。"此为掌管水利的工匠之官。

《仪礼·既夕礼》："遂匠纳车于阶间。"此为掌管载灵柩下葬的官员。

《墨子·天志上》："譬若轮人之有规，匠人之有矩。"形容匠人对法度掌握的精确。

《墨子·节用中》："凡天下群百工，轮车鞼鞄，陶冶梓匠，使各从事其所能。"

《孟子·尽心下》："梓匠轮舆能与人规矩，不能使人巧。"

《庄子·徐无鬼》："郢人垩漫其鼻端，若蝇翼，使匠石斫之。匠石运斤成风，听而斫之，尽垩而鼻不伤。郢人立不失容。"

《吕氏春秋·贵公》："处大官者，不欲小察，不欲小智。故曰：

'大匠不斫，大庖不豆，大勇不计，大兵不寇。'"

汉代桓宽《盐铁论·通有》："若则饰宫室，增台榭，梓匠斫巨为小……"

出自文学作品的记载有——

南朝梁沈约《上建阙表》："宜诏匠人，建此象阙，俯藉爱礼之心，以申子来之愿。"

唐代韩愈《题木居士二首》："朽蠹不胜刀锯力，匠人虽巧欲何如？"《符读书城南》："木之就规矩，在梓匠轮舆。"

唐代白居易《寓意诗五首·其一》："天子建明堂，此材独中规。匠人执斤墨，采度将有期。"

宋代惠洪《冷斋夜话》卷一："东坡尝曰：'渊明诗初看若散缓，熟看有奇句……似大匠运斤，不见斧凿之痕。'"

明代冯梦龙《警世通言·吕大郎还金完骨肉》："恨地者，恨他树木生得不凑趣；若是凑趣，生得齐整如意，树木就好做屋柱。枝条大者，就好做梁，细者就好做椽，却不省了匠人工作。"

宋代邵伯温之子邵博《河南邵氏闻见后录·李氏仁丰园》："今洛阳国良工巧匠，批红判白，接以他木，与造化争妙。"

好一个"与造化争妙"，这就是精益求精的神来之工啊！

《论语·学而》载："《诗》云：'如切如磋，如琢如磨。'"宋代朱熹注："言治骨角者，既切之而复磋之；治玉石者，既琢之而复磨之，治之已精，而益求其精也。"于是，形容做事态度力求完美的"精益求精"一词就出现了，不仅是用来形容匠人做事追求极致的态度，更是对一流匠人功夫的肯定。

早期的梓人，多指从事造器者，以木工居多。例如，木工之长称为"梓师"，俗谓"木匠头"；而匠人，则多指从事建筑者。至明代以后，逐渐统称为"匠人"。

匠人在古代也称为"百工"，他们是各种造物行业的职人。无官职的匠人，在古代通称为"梓"或"丁"。比如，《庄子》中"庖丁解牛""梓庆为鐻"，以及唐代柳宗元《梓人传》中"丁"和"梓"，就是无官职匠人的统称。中国古代对匠人功夫的记载，以《庄子》所载最具代表性。如，《庄子·达生》中的"梓庆为鐻"：

鲁国一位叫"庆"的木匠，擅长砍削木头来制作一种叫"鐻"的乐器，见者皆惊叹不已，认为是鬼斧神工。鲁国国君见了之后，也深以为然，便召见庆，问道："你是用什么方法制成鐻的？"庆答："我是个工匠，谈不上什么技法。如果一定要说方法的话，那就是我的体会！我在准备开始做鐻时，便摒除杂念，不再分心，并实行斋戒。斋戒到第三天时，不再有庆功、封官、俸禄等念头；到第五天时，已不再担心他人对自己作品的非议与褒贬；到第七天时，已完全进入忘我之境。此时，心中已不存有晋见君主的奢望，即便给其他人制鐻，也没有希求赏赐的想法，更不惧怕惩罚。将这些能够影响我制鐻的干扰因素都排除之后，我再进入山林中，观察树木质地，精心选取合乎制鐻的材料。当看到一棵树，能够令完整的鐻呈现在心中时，我才去伐树制鐻。如果不是这样，我就不会去做。您问我为什么做的鐻有鬼斧神工的效果，可能就是我在做鐻的过程中，能通过以上方式将我的天性与材料的天性合二为一吧！"鲁国国君听完，大为激赏，赞叹不已！

天人之德，合则共养，离则遗患。这个叫庆的梓人，通过讲述他制鐻的过程，将一个一流匠人的品质展示得淋漓尽致！尤其是他那物我同舟、物我两忘、天人合发、万化定基的登峰造极之境，更是百业长宜之道。

任何人的生命能安住于此境，都会获致天德之佑——这叫"天养人"！

与"梓庆为鐻"有异曲同工之妙的匠人，比比皆是，仅《庄子》

中记载的就还有"累丸承蜩""呆若木鸡""运斤如风"等故事的主角。后来，人们渐渐地将匠人们这种做事坚韧不拔、追求极致、无私忘我，达到出神入化境界的精神，称为"匠人精神"。并且，这种"匠心"也被延伸至各个领域。比如，文学中用它来形容巧妙而独具一格的艺术构思。如唐代王士源《孟浩然集序》："文不按古，匠心独妙。"《明史·李攀龙传》："好之者推为一代宗匠，亦多受世抉摘云。"

古代一些匠人的功夫之高，令人咂舌！据宋代《太平广记》载，武则天如意年间，海州向朝廷进献一位技艺十分了得的匠人。这个匠人能制造十二时辰车。这种十二时辰车，顺着东、南、西、北四方旋转，不差毫厘。更为神奇的是：当车辕转到正南时，午门就会自动开放，驾车的木人从门里探身出来！你想想看，这种十二时辰车，不就是今天的自动报时机械钟吗？

还有明代"虞山派微雕"创始人王毅。曾经作为中学课文的《核舟记》记录了王毅的精湛雕工：

"明有奇巧人曰王叔远，能以径寸之木，为宫室、器皿、人物，以至鸟兽、木石，罔不因势象形，各具情态。尝贻余核舟一，盖大苏泛赤壁云。

舟首尾长约八分有奇，高可二黍许。中轩敞者为舱，箬篷覆之。旁开小窗，左右各四，共八扇。

启窗而观，雕栏相望焉。闭之，则右刻'山高月小，水落石出'，左刻'清风徐来，水波不兴'，石青糁之。"

这么令人叹为观止的"桃核舟"，其所用材料却仅是一个桃核！

不可思议。

由于制度原因，古代匠人虽然功夫出奇，但地位并不高。南宋陈耆卿在《嘉定赤城志》中载："古有四民，曰士、曰农、曰工、曰商。士勤于学业，则可以取爵禄；农勤于田亩，则可以聚稼穑；工勤于技巧，则可以易衣食；商勤于贸易，则可以积财货。此四者，皆百姓之本业，自生民以来，未有能易之者也。若能其一，则仰以事父母，俯以育妻子，而终身之事毕矣。"这四种分工中，"士"的地位最高，所以才有"万般皆下品，惟有读书高"之句传世。在中国历史上，有很长一段时间，匠人们除了有便于政府管理的匠籍之外，社会地位基本都处于最底层。直到唐宋之后，文化和艺术达到巅峰，经济也高度发达，因着人们对艺术品欣赏水平的提高，才使得匠人们的地位逐渐提升，其主要表现在于收入的提高。同时，"良匠"一词在宋代也成为常见词语，如，宋代侯蒙《临江仙》中有"无端良匠画形容"之句。

到了元代，则直开古代先河，打破旧有士农工商地位，工匠最高可封万户侯，民间匠人出现了直接"入仕为官"的际遇。如张士诚起义成功后，大授官爵，将民间匠人诸如磨工、卖茶者、榨油者，均封为"博士"（学官，等同于学者）。

到了明代，匠人地位有了更明显的提高。不过，原因却有点搞笑——明代出了一个"木匠皇帝"——明熹宗朱由校！

史载，朱由校对木器制作有着极浓厚的兴趣，凡刀锯斧凿、丹青揉漆之类的木匠活，他都亲自操作，常常废寝忘食、乐此不疲。且但凡他所见过的木器用具、亭台楼榭，均能完美复制出来，还能有所创新。比如，他见匠人造床，不仅用料多，样式普通，且还笨重，要十几个人才能移动。于是，他便亲自设计图样，动手加工。新床造出来后，不仅床板可以折叠，木床更加灵活，亦可携带。而且床架上还雕镂有各种花纹，美观大方，放在房间里，再辅之以他亲手装饰五彩的手造漆器、梳匣等，非常雅致得体。

古代宫廷建筑都是大木作，酷爱木匠活的朱由校，自然也就喜欢上了建造房屋，常常是房屋造成后，自己兴奋得手舞足蹈，反复欣赏，及至败兴，又立即毁掉，再造新作，从不厌倦。尤其在天启五年

（1625年）到天启七年（1627年）间，朝廷对皇极殿、中极殿和建极殿进行规模巨大的重造，而在起柱、上梁到插剑悬牌的过程中，朱由校都莅临现场，亲自坐镇。足见其喜爱和重视之深！

据清代吴宝崖《旷园杂志》所载，朱由校亲自在庭院中建造了一座小宫殿，形式仿乾清宫，高不过三四尺，小巧玲珑、曲折微妙、巧夺天工。他还曾造沉香假山一座，池台林馆，雕琢细致，堪为时绝。此外，为了方便玩球，他还亲手设计建造了五所蹴园堂。平时，很多做好的木器小件，他还经常交给太监们拿到城外集市去卖，看着太监们交易回来的钱，很是开心，基本上也都赏给了他们。

上有所好，下必甚焉。有这么个皇帝玩家，木匠这一行想不火都难——于是，明代就出现了中国特有的明式家具！我一直认为这是"木匠皇帝"明熹宗朱由校对中国文化最大的贡献。

因为这个"木匠皇帝"，匠人们的地位开始迅速提高。晚明的《长物志》《遵生八笺》等著作中均记录了当时有影响力的工匠名字。也就是说，这些工匠们除了拥有自己的品牌之外，社会名望也明显上升。比如，师从董其昌的造园流派"叠山艺术"创始人张南垣、江南地区著名玉匠陆子冈、青铜匠胡文明等等。

据明代谢肇淛《五杂俎》载，明中期木工蒯义，因参与了紫禁城建设，最终入仕为官当上了工部左侍郎。王世贞《弇山堂别集》则载，成化年间的木工蒯刚，入仕为官当上了工部右侍郎；嘉靖年间的木工郭文英因建造宫殿有功，入仕为官当上了工部侍郎。而沈德符《万历野获编》亦载，扬州木匠徐杲因修缮宫殿有功，"以木匠起家，官至大司空"。这个工部尚书，应该是明代工匠以术入仕的最高官位了。

明代文献记载的匠人是非常多的，包罗万象。如明代《徐文长集·题水仙诗五首》中有"昆吾峰尽终难似，愁煞苏州陆子冈"之句，其中的陆子冈，就是被后世誉为"鬼斧神工"的苏州著名雕玉匠人。

其所琢玉水仙，玲珑奇巧，天下无双。以至于明代宋应星在《天工开物》中盛赞苏州玉匠："良玉虽集京师，工妙则推苏郡。"

到了清代，不仅匠籍制度被废除，雍正年间还颁布了一条诏令："凡做的活计，好的刻字，不好的不必刻字。"乾隆皇帝亦强调："夫圬者梓人虽贱役，其事有足称，其言有足警，不妨立为传。而况执艺谏者，古典所不废兹，故隐括其言而记之。"（《玉杯记》）皇帝允许造办处的匠人们在作品上署款，随作品名扬后世，而这也应是他们一生中最大的殊荣了！

这种代表匠人水平的署款行为，体现了匠人的技艺和自信，也成为潜移默化的规制而流布海内外。

匠人的等级，参照其发展过程，可用"工、匠、师、圣"四字来演绎。

工：努力学习一门技术，能按规矩做事，但能力尚且不足。

匠：精于一门技术，所造之物可为良器。

师：技术之精湛，可开山立派，传授其精神体系和造物规律，拥有造物育人的本事。

何为师？唐代韩愈说："师者，传道授业解惑者也。"（《师说》）于师道而言，师徒之间若没有精神上的并蒂，就不会有"同气相求"的未来。唐代诗人薛涛之言更精辟："不结同心人，空结同心草。"（《春望词》）其结果，必然是各领荒芜。

圣：匠人中的杰出者，能以物载道，以术证道，通达事理，具有哲学特质，能为天下人立命。亦可称之为"匠圣"。

中国文化是圣化的教育，教育人们要比肩圣贤，见贤思齐，志在成贤成圣。伟大的孔子，指出了抵达圣人之境的四条路径："察言、观变、制器、卜占。"（《易经·系辞》）其三即是说，"制器"良匠亦可成为圣人！对此，世人多不解其意。其实，《庄子》"梓庆为鐻""庖丁解牛""累丸承蜩""运斤如风"中的主人公们，虽为匠人，但哪一位的精神人格不是立于无私无我、与物浑然一体的圣境中的呢？

古语说："欲穷世上巧，须竭意中思。"当年，孔子对"累丸承蜩"的老者赞叹有加，便是最好的佐证！南宋大儒陆九渊说："圣贤之所以为圣贤者，不容私而已。"什么是"不容私"？就是"无我"，就是"寸心不昧"啊！这不就是圣境吗？

周代关尹子曰："唯圣人同物，所以无我。"明代《明心宝鉴》："寸心不昧，万法皆明。"关于圣境，讲得多清楚呀！

《易经·系辞》曰："形而上者之谓道，形而下者之谓器。"对"匠圣"而言，他们就是"道在器中"的抵达者，皆归于圣人一类，并且其言行亦具有哲学特质。他们是人中之宝，更是"死而不亡者寿"（《道德经》）的典范，令造物精神世代相传。

道无所不在，万物皆有道，天下没有一物是废物。不仅枯草可以治病，哪怕是经血都是有用的——一千七百年前的《晋书·郭璞传》《马经》《搜神记》《齐民要术》等古籍记载，母猴每月来的月经，流到马的草料上，马吃了，就可以不得瘟疫疾病。明代吴承恩在《西游记》中给孙悟空所取的"弼马温"之名，就是从此而来，只不过是使用了"辟马瘟"的谐音而已。

因此，我们没有资格轻视任何一物，这就是孙思邈在"五畏"中强调"畏物"的原因之所在。

"不精不诚，不能动人。"（《庄子·渔父》）

自古以来，良匠专注一趣之境，见山是山亦非山，不为物靡，不为欲刃，心底遍见繁花之境，渐成匠中之圣，代代相传。这些匠人们，不仅是以物载道者，更是激情的歌者——每个人都在讴歌自己的生命！

一流的匠人，是人中之宝。

日本于1955年公布了首批国家认定的"重要无形文化财"，从第二批次开始使用"人间国宝"的称谓,并广为传播。日本非物质文化遗产,将人称为"人间国宝",将技艺称为"日本遗产",将戏剧、庙会称为"无形文化遗产"。其"人间国宝"的认定制度,充分展示了一个国家对待传统手工艺的态度,不仅"技艺"得到认可,"身怀绝技者"的社会地位也得到提升,反映出其所具有的高超水平。这项评审措施,每年都有执行。截至2019年7月,日本现有"人间国宝"殊荣者已达114人,包括陶艺、手工织染、铁工锻打、讲谈、建筑、绘画、雕刻、工艺品、古书、典籍、戏剧、音乐等。这些成为"人间国宝"的匠人,备受社会尊重——不仅政府给予资金支持,令其更好地弘扬手艺,民众也更能透过匠人们所展示出的弥足珍贵的技艺和精神,高度凝聚对传统文化的认同感、自豪感和责任感。而这,更加促进了匠人们持续专注地传承和创新他们身上的"日本价值"。

日本每个行业所认证的传统工艺士,就是匠人。在此基础上,若能再获得政府的认证,那就是具有非常高超技艺的匠人了!这种双重认证属于手工艺产品类别的最高级别认证。以日本大阪府堺市为例,其登记注册的传统工艺士仅30个左右,他们平均入行年龄为18—20岁,平均获得认证资格年龄为55岁,目前在职工作的平均年龄在65岁以上。这些获得政府认可的匠人们,每个人都深知自己的天赋使命就是要给品牌增光,"匠人精神"在他们身上体现的是家族命运的光耀感。

值得一提的是,为了保护匠人,日本严禁非传统工艺士私开制作所接单,他们顶多去做学徒。

对于日本政府这种值得全世界借鉴的匠人保护与激励制度,我将之归纳为"地养人"!它极大地促进了匠人手艺的传承与发展,不仅使保护传统工艺成为全社会的共识和使命,更展示了磅礴的文化自信!

日本信用调查公司"东京商工调查"的调查数据显示,日本无间断经营100年以上的"长寿企业"目前有27441家,稳居世界第一;

超过 150 年历史的企业多达 26516 家；超过 200 年以上的企业数量占全球的 51％，并且每天都有企业达到百年老店标准。不久之后，又将有 7568 家满 150 岁生日的企业产生……平均 5000 人就拥有一家百年企业，最古老的企业"金刚组"已有 1442 年的历史。在日本百年以上的匠人企业中，京都的数量最多，有 1300 多家。也就是说，在日本京都，平均每 100 家企业中，就有 4 家是百年企业。

在日本这些数量惊人的百年匠人企业中，数年来，我走访过数十家，涉及食品、医药、建筑、服务、养老等领域，有的甚至还去过多次，让我领略了这些各具特色的匠人们的独特魅力。那种震撼，只有身临其境才能感受得到——每一位，都值得我们敬畏和终身学习！

走近不如走进——深入了解日本的匠人与匠人精神，视野便会与众不同。

二、日本匠人文化与匠人精神

2015年10月21日下午，我与十翼书院的门生们，在日本京都的立命馆大学，聆听了铃木丈织老师专门为我们准备的"匠心、匠人精神——技术者的传统"主题讲座。

铃木丈织老师是东京大学博士、美国加州大学心理学博士、美国圣托马斯大学医学博士、日本JR东日本铁路公司和日本哈根达斯公司的顾问，其轰动日本的代表作《超级冷静：如何克服惊慌心理》的译著，也在中国产生了影响力。

讲座开篇，铃木丈织老师便说："日本匠心精神和匠人文化，来源于中国。中国有很多好东西。但日本资源匮乏、国土面积小，这也是日本造就匠人的重要背景之一。

什么是匠人？匠人，在日本称为职人，以手艺为职业，从一而终。匠人的词意有精神层面的含义，其本旨是在敬业与认真当中，将人的天性与材料的天性合二为一。

匠人文化包含有三个层面：工、巧、匠。

工：是指掌握技术——只是简单的技术模仿。

巧：是指熟练制作并具有适应性，使产品更适合使用、更有效率。

匠：在日语发音中与'自尊心'相同，指代名誉、荣誉，是指拥有自己的作品后，荣誉感产生。

匠人文化：匠人是将'用'变为'好用'，内容多与庶民的衣食住行相关，并且，人人都有可能成为匠人。匠人们热爱自己的本职工作，并将器物做到高精尖，从优秀做到卓越，从专业做到一流。并且，匠人也与时俱进，不断利用新技术、新材料等，来提高效率和质量。

优良的匠人企业，几乎都有自己的家训（日本称为'社是'）。这是他们历代传人的精神纽带与传承引擎。

当水平达到一定程度时，他们会将自己的名字刻到作品上，以彰显自尊心和荣誉感。

此外，匠人们都有着优良的服务意识，匠人文化也是与日本的国民服务意识相互结合、合力共荣的。

尤为值得一提的是：匠人与艺术家是有区别的，关键就在'巧'字上——匠人更巧。匠人所造就的是非艺术品，以实用性为核心，而艺术家则不用考虑作品的实用性。

那，如何能成为优秀的匠人呢？

它分为学徒工人、技术者、大师，三个阶段，历经过程如下：

①认可、重视传统。包括真似和示范，全然效仿之意。

徒弟要向老师学习各个方面的内容，包括生活与技术，并身体力行，亲自动手，尤其是徒弟要比老师更勤奋。

②仿照、仿效、模做（临摹）。

作品能够接受他人的评价，包括与老师的作品像不像等。

③创意和变更技术，创作个性作品。

在实现上述①和②的基础上，才有可能抵达这个目标。

此外，匠人作品，还可以给人带来三次感动：

①感叹：很厉害、了不起。

②欲望：想尝试做一下，但发现做不出来，因为工、巧都需要时间，需要长久诚意地磨砺。

③理解匠人及其精神，内心的崇敬油然而生。

匠人信奉'不易流行，取好用之'的匠人业训。不易，就是好好继承；流行，就是在与时俱进中创新；取好用之，就是力争把世界上所有的优秀，都融入自己的血液，并持续地供给未来，这是日本匠人精神不竭的源泉所在。

日本贯彻匠人精神有五个习惯：

铃木丈织在日本京都立命馆大学讲解匠人精神

①带自尊心地制作产品。

其过程是：制品（带自尊心、适应性）——作品——商品化。

这里的自尊心是指什么呢？就是：凡是不满意的都毁掉。

适应性指什么呢？就是：作品一定要有利益，可对价交换。

②品质、安心、安全

如，瓷器是否割手，食品是否会引起腹泻，工具出现问题就不可使用，等等。

③速度：整理、整顿（零部件的位置）。

专心做事，效率就会提高。一天的时间看似很短，但一生的时间又很长。如此长久专注地做一件事，一定会出类拔萃。

④职场：职人工作的地方，会特别重视清洁。

这是体现教养的基础行为之一。

⑤正确、精密：正确是指不断确认我做的是否合理，而精密则是指师父用的工具往往非常锋利、不生锈。

不再使用的工具，不做抛弃处理，而是将它们供起来。匠人们认为工具是有神性的。他们相信：乱丢废弃工具、不敬畏它们，是妖邪的产生原因之一。因此，匠人们从不乱扔工具。此外，由于很多工具都是两代乃至更多代传承人之间的连接载体，其本身包含着神性。"

铃木老师的一席讲解，令人眼界大开，我们的内心亦大受触动！

《诗经·大雅》曰："上帝临汝，无贰尔心。"老天看着你呢，不要自欺欺人。这就是"人在做，天在看"！仔细想想，世人往往只看到了产品，但却没有看到无形的精神之源。而敬畏虚无，才是匠心的引擎所在啊！

匠人们如此动人心弦的行为，让我想起了唐代孙思邈之语："人有'五畏'，心思才会清明。它们是：畏道，畏天，畏物，畏人，畏己。"这"五畏"，在匠人身上一目了然！也正因此，我们在感恩一切增上缘的同时，更要提醒自己为这个世界释放更多的善良，这叫"报天下恩"！

"日本的匠人为什么至今仍层出不穷呢？"我继续问。

铃木丈织老师说："日本以'劳身'为荣，保存了世界上少有的尊重匠人的文化和制度。除了制度保障之外，还有教育保障——日本有专门的职人学校（类似中国职业技术学校），这种学校的学生们毕业收入很高，平均水平远超大学本科毕业生。并且，他们往往在入校不久，就会被一些好企业签约，而最不可思议的是，有的企业采用终身雇佣制！签约者一辈子都不用跳槽，只负责专注地做好本职工作，力争让自己成为受世人瞩目的人！"

这种合约制度，想不出匠人都难！ ①

① 终身雇佣制由 1918 年创立松下公司的日本经营之神松下幸之助提出，他说："松下员工在达到预定的退休年龄之前，不用担心失业。企业也绝对不会解雇任何一个'松下人'。"松下开创的经营模式被无数企业效仿，并为二战以后的日本经济腾飞作出了巨大贡献。据日本厚生劳动省的统计数据显示，2017 年度全日本签订终生雇佣劳动合同的劳动者的比例（这里把无期雇佣称之为终身雇佣，即熟知的正社员），占日本全体劳动力的 62.7%。

为了让我们加深对匠心的理解，铃木丈织老师还特意分享了他的两个案例：

①JR东日本铁路公司

他们的准时和安全是世界一流的，源于始终不渝地贯彻着"匠心等于铁道的灵魂"的社是（业训）。JR东日本公司主要管理日本东北地区、东京都市圈，以及长野县部分线路，包括新干线和既有线，管内线路7457.3千米，运营车站1667个。平均每日运输旅客约1700万人次。

2014年，他们列车平均晚点时间为38秒！实在令人惊叹。

②日本哈根达斯

哈根达斯是美国通用磨坊旗下旗舰冰激凌品牌，由Reuben Mattus于1921年研制成功。至今，日本哈根达斯的经营额超过了美国本部！这是怎么做到的呢？正是因践行匠人文化的思想而获得成功！日本哈根达斯公司认为：即使是自动化做出来的冰激凌，也依然要有匠心！他们不断地请人研发升级，最后，由日本著名的高梨乳业研发出适合一家三代人共同分享的冰激凌——他们结合日本人喜欢绿茶的社会背景，发明出绿茶冰激凌，取代了香草味冰激凌，成为销量最大的品类。《纽约时报》也向全世界介绍，三代人可以同吃的绿茶冰激凌口感远超过香草味！

铃木丈织老师用接近三个小时的时间，对日本匠人文化及其匠人精神作了详细的分析与讲解，令人受益匪浅。尤其是临分别时，他还专门跟我分享了日本企业的用人之道——特意强调这是从中国学来的：首用圣人（包括匠圣），次用君子；宁用庸才，不用小人——真坏人并不可怕，可怕的是假好人（小人）。这种中国智慧，为日本的发展奠定了不可磨灭的基础。

铃木丈织老师的上述分享，出自宋代司马光《资治通鉴》的智慧：

"才德全尽谓之圣人，才德兼亡谓之愚人，德胜才谓之君子，才胜德谓之小人。凡取人之术，苟不得圣人、君子而与之，与其得小人，不若得愚人。"

明代洪应明在《菜根谭》中也说："德者才之主，才者德之奴。有才无德，如家无主而奴用事矣，几何不魍魉猖狂？"由此可见，人生做事，德为业之基！

听君一席话，胜读十年书！

铃木丈织老师对日本匠人文化的概述，不仅让我们了解了日本匠人精神，更令我们产生了深入了解日本匠人的兴趣。

于是，我们很快便走访了京都数家秉持匠人精神的传承老店！

第二节　各有各的道

在长达一千二百年的时间里，京都一直是日本的政治中心。古色古香的建筑风格，大气安宁的城市布局，包括街巷名字等，皆源于中国唐代的洛阳，因而京都也称"洛阳"。作为"古都京都文化财"的城市中部分历史建筑，1994 年被列为世界文化遗产。并且，日本国内将近 15％的重要文化财产都可以在京都找到！悠久的历史沉淀，使得京都的魅力千载集新、古今集上。不仅仅在于它的唐风建筑，更在于它是全世界排名第一的旅游目的地，是日本传统艺术的中心城市，也是日本最重要的歌舞伎表演场地之一，以及日本天皇居住很久的御所所在地。它是日本人"心灵的故乡"，被誉为"真正的日本"。如果你去日本，无论多么忙碌，都一定要去京都，在那里你不仅可以让心灵得到净化，更可见证那曼妙刻骨的流年。

如今，京都精致的传统手工艺制品也让世界瞩目。例如，京团扇"小丸屋"，古老棉布商"永乐屋"，竹制品手工作坊"公长斋小菅"，茶筒"开化堂"，还有源自平安时代遣唐使从中国传承而来的茶道与华道（花道），使京都成为日本茶道和华道的中心。此外，日本诸多享誉世界的匠人及其本家也都出自京都。例如，以池坊派为代表的众多华道流派的本家，"小丸屋"本家，名点特产老铺"西尾八桥"本家……

一、西尾八桥

位于京都熊野神社附近的西尾八桥本家是西尾八桥的发祥地。两层精致的日式小楼，坐落在一个十分优美的日式庭院中，院中还有一棵树龄超过 150 年的大椋树（日语称为"椋の大木"，即，京城中生长的大树）。人们在置身其中感受自然的同时，更能呼吸到历史的气息，十分心旷神怡。

上楼后，坐在榻榻米上，看着园中看板上透映着天光的文字（系2013 年 9 月入寂的比叡山延历寺大阿阇梨酒井雄哉氏所亲题），欣赏着园中娇卉芳艳的美景，喝着幽芬悄溢的日式茶，品尝着西尾八桥爽口的茶点，那种油然而生的惬意与畅快，根本无法用文字来形容！

西尾八桥本家正门

（一）传承史

2016 年孟夏，西尾八桥现任社长、第十四代传承人、年近八旬的"女将"西尾洋子女士，在这里为我们十翼书院的门生讲了一堂酣畅淋漓的课——"西尾八桥的传承"。

西尾洋子女士一出场，就给我们一个十分惊讶的印象——说话声音非常洪亮，神采也极为清丽，根本看不出是年逾八十的老人！

西尾八桥现任社长、第十四代传承人西尾洋子女士

带着好奇，我们安静地听她娓娓道来。

她说："在日本，有着百年以上传承并且一直昌盛的老店，才能被称为'老铺'。西尾八桥就是这样一家老铺。西尾八桥诞生于江户时代的元禄二年（1689 年）。关于它的诞生，说法有二，一是'伊势物语

说'，一是'筝型煎饼说'。因为'伊势物语说'留有一片文政七年的绘马作为物证，所以我本人更倾向于此说。早在江户时代，圣护院村周围还被森林覆盖，其中有一间'八桥屋梅林茶店'。当时，商家普遍经营着用米粉制作的'白饼'。由于它便于携带，就成了当时重要的携带干粮——这就是西尾八桥的前身。又据八桥屋梅林茶店的经营者西尾家记载，在元禄二年，先祖西尾家主读到了《伊势物语》中的一首谣曲《杜若》。其中的小故事《三河国八桥》深深地打动了他，为了能让更多人知道这个故事，他就将其制作的桥形米粉取名为'八桥'。这就是'西尾八桥'品牌的由来，迄今已有327年传承史。

明治二十九年（1896年），我的爷爷，西尾家第十二代传人西尾为治，在年仅17岁时，就已经成为知名的天才和果子匠人。我们目前经营的产品中有三种就是他发明的。1990年，产品被推荐参加了巴黎万国博览会，没想到竟然荣获了银奖，从此声名大振。

我的父亲对我影响很大，给我留下了弥足珍贵的精神遗产和生命力量。

比如，父亲曾教诲我：

①赠送别人东西时，不可赠送自己。

②不要的东西送人时，要附上自己也非常珍惜的物品。

③遇到有情分有恩义的人，如果他无论如何都想向你借钱的话，不要轻率拒绝。在你能力范围之内，不是借钱给他，而是送钱给他。因为，如果把借钱的念头留在心中，可能会成为日后纠纷的根源。

④送人东西时，尽可能使用小的容器，并尽量装满，要给人一种已经没法再装进去的充实感。

关于这个'充实感'，我们有很多案例，比如，和果子的形状是扁平的，但是由于物价上涨，自己又不能轻易涨价，可又不能失去市场（其他同行就是在涨价中衰减掉客源的），那该怎么办呢？最终，我从寺院待建的一层层瓦片中受到了启发：把扁平的和果子，做成弧形的瓦片形状，然后叠在一起。用这种方式包装出来的和果子，看起来既高耸又饱满，给人一种充实之感。这样一改，原材料的成本便降低了，而个别产品价格也可以结合成本做适当下行调整。没想到，这样一个小小的顺势应变的举措，市场反应出奇地好——销量大增！

⑤家族经营要特别重视速度。想到了，就马上试试；如果试了没成功的话，放弃就好了。"

以上几点，虽然听起来平实，但都是做人做事的大道理。在她饱含深情的讲述中，我们深深感受到了她对父亲的感念之情，无不为之动容。

（二）传承密码

西尾洋子女士说："作为传承人，我非常受益于西尾八桥先祖的经营教诲：卖亲切，买满足；目标准，语言圆；放架子，高希望；好脾气，大度量；深思索，快工作；输歪理，胜工作；七分满足，十分不期；为子孙，积阴德。"

作为传承企业，我们首先卖的是热情，然后才是产品。她举例说："京都的夏天比较热，客人进入店里后，我们就先奉上凉茶。待客人品茶时，我们再将产品面呈，这样替顾客着想，就是在践行先祖的教诲。"但是，她话锋一转，又说："以上这些，很多匠人企业都能做到。而对西尾八桥家族而言，能够传承三百多年的最重要原因，却不是这些。那，究竟是什么呢？"

她这么一问，我们也很好奇原因所在。

就在大家面面相觑之际，她突然从面前桌子上拿起一张纸，然后展开、举起，静止数十秒——我们所有人都看得清清楚楚——那纸上赫然写着大大的"家训"两个字！

西尾八桥女士展示所写"家训"二字

此时此刻的震撼，时光和心跳好像都突然间静止一般……没人会想到她突然做出这样一个举动。

她说："这两个字，是我刚刚在开讲之前写的。对家训的贯彻，是我们家族传承的核心，更是我们西尾八桥品牌生生不息的动力之源。是它，让我们在风风雨雨中传承了三百多年，并将继续传承下去！"

此时此刻，我们每个人都好奇，西尾八桥先祖们所传的家训究竟是什么。

她又拿出一张纸，上面写了三个字：

"荫德积！"

她作了详细解释："什么是'荫德积'？就是只要积攒阴德，子孙就能繁荣。阴德，是指'不为人知地默默做善事'；并且先人们认为勤奋与节约也是积阴德，因此要求族人要勤劳、俭朴、早睡早起。此外，先祖还告诫后人要记住日本江户时期（1600—1868 年）著名思想家二宫金次郎（二宫尊德）的名言：'不以道德为基础的经济，就是犯罪。'没有道德底线而对财物进行巧取豪夺，就是犯罪！这句话成了我们西尾八桥商业经济活动的底线。因为，有道德的产品，会让人享受美好、包容、慈爱与礼敬，会让人产生'白首不相离'的眷恋。

那，又如何积累阴德呢?

方式很多。譬如，日本京都的建筑，在古代多是大木作，极易发生火灾，因此捐赠小学和寺院就成了西尾八桥历代传承人必做的事情，也是西尾八桥家族延续至今的无形资粮之一。

我们西尾八桥的'荫德积'家训，具体还包含以下七条规矩：

①不向别人借钱，也不借钱给别人，不做债务担保人。

永远不在经济上让自己处于被动地位。这是匠人不受干扰的基础。

②早起不打扰他人，在别人处不做长时间的逗留。

与人打交道，不做长时间的逗留，有话就说，有事就办，用10分钟能办好的事，绝不拖延至30分钟。交流要适可而止，既不浪费别人时间，更要珍惜自己时间。

③做生意要细水长流，不要想着一夜暴富。

用钱要像牛的口水一样细水长流，不要像羊撒尿一样一下子就撒出去。

④保持现金交易。

不赊欠别人，也不让别人赊欠，在自己力所能及的情况下，确保充足的现金流。

⑤不储存原料，不做多余的库存，让产品保持新鲜。

永远不囤货，即使物价再便宜，也不去大量囤货做投机取巧之事，让自己随市场规律运行，保持企业肌体的活力，这样才会走得更长远。对此，很多人不解，认为储存原料会赚更多的钱，但我们认为：吃'亏'是福。虽然全世界很多人都知道这个道理，但能做到的却很少，因此也没能聚来福气。

⑥家中主内的人要学会精打细算。

日本京都的女人，做事情都精打细算，这不是小气，而是仔细。要知道，成由节俭败由奢，会精打细算，做事才能井井有条。

⑦不虚荣，做家族的贤内助。

不该花的钱，绝不乱花，别人穿得再花红柳绿，也不眼红、不嫉妒。生活困难时，即使喝稀饭也要将西尾八桥世代传承下去。并且，企业不融资，也不要政府的钱，就自己做，遇到风吹雨打，就让企业保持更柔韧的肌体，这样定能长盛不衰。

这七条先规，每条都不复杂，都很简单朴实，但要把每一条都长期做好，就需要持之以恒的毅力！这七条家训，被我们家族持之以恒地恪守和传承了三百多年，它既是我们家族的荣誉，也是我们西尾八桥阴阳调和、长盛不衰的窍诀所在！"

一个八十岁老人家的深情分享，逻辑清晰，掷地有声，别开生面，摄人心魄，又令人始料不及！院子里的花香，渗入到雅致的房间中，连邻座的呼吸都能听得到，谁都不想错过西尾洋子女士任何一句话，所有人都全神贯注在这静谧的涤荡之中。

西尾洋子动情地说："西尾八桥三百多年的传承，家训起到了至关重要、不可替代的作用！

本家西尾八桥的上一任接班人（第十三代），年纪轻轻就离世了，我作为其夫人，成为第十四代传承人。当我的孙女还是小学生时，有一年的2月14日，人们都沉浸在情人节的气氛中。我当时正在家休息，忽然听到隔壁供奉着祖先灵龛的房间里有声响。我就悄悄地靠近，从门缝往里看，见到小孙女一个人在房中，神神秘秘的，不知要做什么。于是，我就悄悄地观察着。只见小孙女慢慢走到灵龛前，双掌合十，说道：'爷爷，给你吃巧克力。'说完，便在灵龛前放了一块小小的巧克力。爷爷是在孙女出生前离世的，孙女自然没有见过爷爷。这个场景，深深地触动了我——我当时就想：一定要恪守家训，并在日常生活中更重视'积攒阴德'。我也因此忽然明白了一个道理：这不就是祖先们所说的'子孙繁荣'吗?！

刚上小学的孙女，带着一颗真诚的心，自发地在祖先的灵龛前合掌，祈念，令我十分感动、难忘和欢喜。长久以来，这个场景经常在我眼前萦绕，让我对家训的理解和贯彻更加欢喜和坚固！"

听完这个故事，我们每个人都如同置身其中，似余音绕梁，深受感动……是啊，无数个愿心和记忆，累积成数百年源源不断的精华，光耀家族的同时，也激励着世人。这种匠人精神，就是无比珍贵的社会价值啊！

仅有理想和语言还不算，还要身体力行地抵达，因为——真谛在行间，不在唇间。

纵观西尾八桥的传承经历，没有波澜壮阔，没有轰轰烈烈，有的只是对先祖家训润物细无声般持之以恒地践行，直至水滴石穿，独树一帜……不仅令人慨叹，更令人豁然于心。

说到家训，成书于隋初的《颜氏家训》被誉为"古今家训之祖"，后来随着日本遣隋使、遣唐使的出现，大约有一千五百多种中国书籍传到了日本，并迅速得到了普及，极大地促进了日本文化的发展。西尾洋子说："日本企业之所以屹立于世界长寿企业之巅，是与家训密不可分的。你们想要了解日本的匠人文化，就一定不要忘记去领略匠人的家训文化。一百年前，在京都获得政府颁发证书的百年老店就有800多家，家家都有自己的家训！这些家训是匠人企业传承的精神源泉和延续保证。"

一席话，又令人茅塞顿开！原来，了解匠人的传承，除了社会影响力、经济数据、社会地位之外，还要看这个鲜为人知的传承密码——家训!

看着西尾洋子手中托举的西尾八桥家的先祖于 1689 年所定的家训"荫德积",我想起了在中国家喻户晓的宋代名士司马光,他也为家族留下了一条家训:

"积金以遗子孙,子孙未必守;积书以遗子孙,子孙未必读;积阴德于冥冥中,遗子孙长久之计。"

这是说,攒钱给子孙,子孙未必能守得住;攒书给子孙,他们未必能读,也许子孙不是读书的料儿,或者你喜欢的书子孙未必喜欢。那该怎么办呢?最好的办法就是在冥冥之中多累积些阴德,后世子孙一定会有受到恩泽者。

古语说,君子千里同风。你看,三百多年前的西尾八桥家训与近一千年前的司马光家训有着异曲同工之妙——都是在强调积阴德的重要性!

那么,积阴德果真会有用吗?回答是肯定的!

与司马光同时代的范仲淹,以一句"先天下之忧而忧,后天下之乐而乐"成了后世的道德典范。当年宋仁宗知人善用,庆历三年(1043 年)起用范仲淹,开展"庆历新政",以至于国家安定太平,经济繁荣,科技和文化也得到了巨大的发展,史称"仁宗盛治"。除此之外,范仲淹无论走到哪里,都行善不断,大公无私。据《吴县志·文庙》与《府学金石目》等书载:范仲淹任苏州知府时,在姑苏城内买了块地。祖籍苏州的范仲淹,准备定居于此。时有风水先生说此地风水极好,在此建宅能令子孙世代昌盛。范仲淹听后却陷入沉思:与其我一家昌盛,不如天下昌盛;与其让我一家子孙发达,不如让众多百姓家家后代发达。于是,他毅然决然地捐出此宝地,兴建了苏州书院

（府学）！建成后的苏州书院规模之大在当时极为罕见，范仲淹聘请了"宋初三先生"中的胡瑗、孙明复等著名学者来书院讲学。这些大学者们对苏州士子谆谆善诱，以至于从者如云，为苏州培养了大量的人才——考中进士者，一度为天下之冠！

此外，范仲淹晚年还在苏州首创了义庄，开启了古代慈善的新时代，成为各地官绅效仿的对象。义庄不仅收养乞丐、残疾者和孤寡老人，还安顿了大批贫穷人士，义行闻名遐迩。这些义举，令范仲淹阴德广积，范氏后人大受裨益。

明代御史范从文，因为直谏而惹恼了朱元璋被判死刑。朱元璋有一个习惯，但凡判死刑的官员，问斩之前都要亲自查阅其籍贯与卷宗。结果，朱元璋一看，没想到这个范从文居然是范仲淹的第十三世孙，要知道"先天下之忧而忧，后天下之乐而乐"可是一直被朱元璋当成座右铭。于是，朱元璋马上命人提来范从文，问道："你是范仲淹后人？"回答是肯定的。朱元璋又让他背家谱，范从文倒背如流。朱元璋"沉默少顷"，提笔写了一张免死铁券，赦免了范从文。但似乎意犹未尽，又随手写了四张免死铁券！一共写了五张免死铁券，这在大明朝可是破天荒的事情！随后，范从文官复原职，此事轰动朝野。

这就是范仲淹当年所积的余荫，在第十三世孙范从文身上受报了！足见，司马光所言"不如积阴德于冥冥之中，子孙必有受其报者"，真实不虚。

地有东西南北、理无古今中外。想想司马光的家训，再想想西尾八桥的家训，真是"但行好事，莫问前程"。

古人认为：德大，资产就大！经常有人会说："有的人虽然德行好，但却没有什么钱财呀？"这个问题问得非常具有普遍性——我们应该清楚：资产不仅仅包括钱和不动产，还包括健康、寿命、名声、精神力等等。有的人，没有钱，但是有名气，这也是资产呀！因此，对资产的定义千万不能狭隘。

此外，被誉为"现代主义建筑最后的大师"的美籍华人建筑师贝聿铭（喜寿102岁），是现当代世界建筑史上鲜见的巨匠。在其设计生涯中，留给世界的皆为经典之作！他所在的贝氏家族，是中国历史上唯一富过十五代的家族。能够有这样惊人持久的富庶，皆源于其祖上所传承下来的精神瑰宝——贝氏家训：

"以产遗子孙，不如以德遗子孙；以独有之产遗子孙，不如以公有之产遗子孙。"

虽然仅有30个字，却包含着贝氏家族一直富裕的缘由。其与司马光的家训有着异曲同工之妙。

其实，很多成功的因素，都取决于那些看不见的存在——中国古代称为"以虚致实"。

仔细想想，世界上最贵的东西，往往都是"无用"的。烟花虽然绚烂，但比烟花更珍贵、更易被人忽略的，却是黑夜！没有虚空中的这个黑夜，再美的烟花都会丧失饱满的绚烂。

而匠人精神，便是这看不见的无用之用。

（三）继承人

西尾洋子社长已经80岁了，因此，我便很直接地问到关于下一代传承人的问题。

她答道："我们先祖已经专门讲到关于传承的问题——子孙和亲属如果不愿意继承，就从员工中选传承人，绝不勉强子孙，因为勉强而为的事，很难昌盛！必须选择对事业有激情的人来传承，因为这种人才会有担当!"

我问她:"为什么传承人可以不是直系血缘关系者?"

她说:"日本的商人(包括匠人)传统是,如果传承人认为孩子无能力接班,或不愿接班,便会在亲属中选择。我的丈夫(第十三代传承人)去世之后,我就继承了家业,成为第十四代传承人。此外,有的也会在公司的年轻人中,物色优质人选——先把女儿嫁给他,婚满一年后,再通过仪式把女婿正式收养为养子,然后由这个'女婿养子'来当下一代继承人。西尾八桥的继承人已经选好了,我一退休,就可以随时继承。"

她这番话,很令人意外!从未想到日本匠人遴选传承人的方式竟是如此的多元,令人脑洞大开。

随着进一步了解,才知道:原来这种不成文的约定,由来已久。比如,在江户时代,日本战国三英杰之一、处于武家社会顶点的江户幕府首任征夷大将军德川家康(当时日本国家的实际统治者),为了避免子孙断代,留下遗训:"一旦宗家无人可继承时,就从分家的御三家与御三卿当中迎立养子。"从此,这种举措就逐渐在政商两界弥散开来,渐渐形成了传统。如今,人们熟悉的丰田企业接班人,就不是长子丰田喜一郎,而是女婿丰田利三郎。而关于如何选择继承人的问题,日本三井家族有一位掌门人的话颇具代表性——"我宁可要女儿而不要儿子,因为有了女儿我可以选择我的儿子(养子)。在血缘之外找'女婿养子'做接班人,会让'富不过三代'的概率减少很多,可以保证传承的持久性。"

(四)震撼

人的生命格局一大,就不会沉沦于生活中的琐碎与是非、贪婪与纠结，相反，却能够简单得铿锵有力！

心潮澎湃的两个多小时，倏忽而过。看着西尾洋子这位 80 岁的老人家，就像看着一位得道者一样，眼神中的慈祥、睿智与坚毅，伴随着身后院中簌簌清挺的翠竹，透出历历清节，给人以不倦的感叹和绵延的激励——西尾八桥家族的传承精神，每一代匠人的担当与无畏，先祖家训的承前启后之丰功，无不让人感动和震撼！

临别前，西尾洋子再次强调家训的重要性。家训孕育了西尾八桥家族的匠人精神，使其企业能长盛至今，那无尽的怡人风味，芬芳了无数有缘者的身心……

我们每个人都心情久久不能平静——要知道，这世上有很多企业经营者，只是攫取了短暂而虚缈的幸福，丰富了一时的口食而已，看似得享一时之得意，却埋下日后无尽之殃。每每忆起西尾洋子那坚毅的眼神、严谨的思维、勤奋节俭的习惯和精益求精的精神，就能感受到匠人精神的魅力所在。

闻名于世的京都，因为饱含了诸如西尾八桥这些匠人家族的初心映照，增添了更加迷人的魅力！

二、小丸屋

在扇子上作画题字，是中国古代文人展现才华的一种方式。我印象最深的，是当年苏轼在任时，遇到一个卖扇子的人被控告欠钱不还。苏轼在询问情况时，卖扇者诉苦道："不是我不还钱，是我真的还不起。今年雨水太多，需要扇子的人太少，导致我的扇子卖不出去！"苏轼闻言，心生怜悯，命卖扇者拿些扇子过来，便在扇子上题字作画，一会儿，二十把扇子就完成了。于是，跟卖扇者说："拿去卖吧！"卖扇者还没走出官衙，就被围观者抢购一空了。

可见，不仅苏轼的才华吸引人，而且扇子在宋代还是个流行品。

小丸屋的代表作：枣形扇

京都小丸屋株式会社（亦称"小丸屋住井"），是一家专注于制作团扇和折扇的老铺，创立于宽永元年（1624 年），有着近四百年的传承史，其所做团扇无论品质、数量、口碑，均为日本第一，是日本皇家、政府、社会精英人群以及歌舞伎首选之扇。公司仅有九人，但在现任社长、第十代传承人住井启子女士的带领下，产品已经预订到了三年后。

截至 2020 年，我们相识已有六年，关系熟稔。每次听说我要来，她都会安排出最早的时间。

我们相熟的原因，比较有趣——2015 年孟夏，我们初次见面时，她问我："您身上穿的长裙胸口上'十翼书院'四个字是什么意思？"我说："这是'十翼'，是中国孔子所作的书名，是中国《易经》中《易传》的别称，是学习《易经》的十个翅膀之意。要想学好《易经》，就必须精通'十翼'。"她听完很兴奋，欢喜地说："我也学过中国的《易经》，很神秘，很吸引人。"然后又问我："那您见到我一定会发现什么秘密哦？"我说："理论上完全没问题。"气氛一下子活跃起来了。她当着朋友的面，追问我："您能直言几句吗？"我笑着点评了几句，言及几个有关她家庭方面的要点。没想到，话刚说完，她惊讶了有数十秒，思考后，对我的日本朋友大声说："是的，是的，他说的内容你们都不会知道的，真的是太正确了，不可思议！我结婚前，就有一僧人告知我丈夫不会长寿，但是我很爱他，还是选择了与他结婚。婚后我们育有一儿一女。但不久，丈夫得了癌症。去世的前一周，主动要求离开我们住到别处，怕我们看到他死去时难看的样子……一周后，他死亡时吐了很多血，那场景一般人看了都会吓到……"说着说着，她竟然落了泪！足见夫妻感情之深。

有了这样的缘起，我们后面的交流是非常畅快和与众不同的。

无论谁跟她接触，都会发现：她的性格和活跃度，根本不像是一位年已古稀的老人！她的欢声笑语甚至偶尔连蹦带跳充满艺术气息的活力，丝毫不逊色于三十岁的年轻人。并且，你看到了她的活力，就能感受到小丸屋的活力！

随着交往的深入，她对我也有了异于常人的接受度。她时常给来自中国的见学团说："米老师是最了解小丸屋的中国人。"而我也因着这种机缘，能够触知其匠心背后不为人知的诸多内容，更接近一个匠人的精神全景，了解其独特的生命步履。

每次的交流，她都是娓娓道来，如数家珍。

住井启子在讲解家训

（一）接班

她说："小丸屋的历史可以追溯到一千多年前，当时的住井家还是皇朝中的权贵家族。在团扇及其文化从中国传入日本之后，日本天皇颁谕令给住井家：'用伏见深草的真竹制成精美团扇，以供宫中使用。'于是，住井家的先祖们就潜心研究从中国传入的团扇，然后以当地盛产的真竹为主要材料，附加优质的和纸，制作出精美团扇，并得到了天皇和贵族们的喜爱，这就是驰名日本的'深草团扇'的由来。

我的父亲住井善太郎是小丸屋第九代社长，他在家中是长子，下面还有两个妹妹和一个弟弟。我这两个姑姑都婚姻美满，衣食无忧。但我这个小叔叔却总让我父亲操心。父亲为了照顾他的生活，就把小丸屋最稳定的团扇事业交给了他，包括设备工具、工人以及客户。最初，小叔叔还很努力，但做事没有恒心的他，不久就喊太辛苦了，便放弃了工作，并将所有设备都送了回来。可没过多久，因为生活窘迫，就过来求助父亲，父亲再次把团扇事业交给了他。如此反复多次！每次小叔叔放弃的时候，父亲都派我去接手，就这样，我在这种锻炼中不断成长，渐渐掌握了团扇制作的工艺技术，再加上之前我帮助父亲打理舞台小道具事业，使我在年轻时就对小丸屋的业务非常熟悉。

由于父亲当年曾参加过太平洋战争，在两次缅甸战役中，日兵几乎全军覆没，父亲是幸存者之一。正因为有了这样的经历，父亲对死亡看得很透彻——一切名闻利养、是非荣辱，他都看淡了。在继承了小丸屋事业之后，父亲更加恪守祖训'不耽误客户需求''不给人家添麻烦'的'利他之心'。对于小叔叔不断地出尔反尔，父亲从未责骂过他，每次都是平静地应对。这个印象，是他留给我的宝贵精神遗产。在此后的工作中，我从未对员工苛责过，即便是他们造成了经济和荣誉损失。

父亲去世后，我作为家中长女（还有两个妹妹），毅然放弃了读大学，义不容辞地担负起家业，成为小丸屋第十代传承人。在父亲去世不久后，小叔叔竟突然跟我提出彻底放弃团扇事业，尤其令我吃惊的是，他在跟我说这话之前，已经把设备工具都卖掉了，钱也据为己有。

面对小叔叔这样的行为，我也没说什么。但基于小丸屋'信念不动'的家训，我又接手了团扇事业。虽然没有设备，但顾客、订单、工人都在。于是，我再次购置设备，启动生产，不能让先祖失望，也不能辜负了顾客。"

（二）创新

关于创新，她说："团扇的起源，是当年天皇下达的制作谕令，那时的团扇以宫廷和贵族使用为主。进入江户时代后，团扇文化开始走向市井，当时家族的祖先们为扩大生产，不断依据需求来更新产品，并且毫无保留地将制作团扇的工艺和技术对外传授。现在这个行业中知名的'丸龟团扇'和'岐阜团扇'等，基本上都是在那个时期学到的手艺。今天，大家都在通过各种载体享受先人们带给我们的福气。团扇就是其一。

从小我就认为：作为一个匠人，一定要做没有竞争的事业！

所以，在我接手小丸屋后，为了让它能更好地发展，我开始着手创新。为此，我不断地去博物馆、艺术馆等艺术场所参观并参加各种展会，广泛汲取养分。苍天不负有心人！终于，在东京的一个展览中，我见到一幅中国宋代的画，画中有位僧人手拿一把扇子，这把扇子让我很惊讶——它不是圆形的，而是枣形的！

看完展览后，我回到了大阪。但这幅画却让我久久难忘。思忖再三，我决定从大阪重返东京，去找藏家，买来扇子。可找到藏家后，对方不卖。没办法，我软磨硬泡，最终他同意我复印扇子的那个局部，这令我欣喜若狂！回来后，我自己按图索骥制作出了跟画面上相同的枣形扇，做成后，使用时也出乎意料——比起当时日本已有的圆形扇子，不仅用力明显减轻，且风速舒缓而持续！我至今仍未想明白中国宋代的人是如何造出这么好用的扇子的！

随后，我便将枣形团扇注册了商标，成为日本唯一的枣形扇，不久即风靡日本，畅销至今。而小丸屋也因此成为日本最负盛名的团扇制作老铺。"

我曾问她："您的枣形扇，形状在原图基础上有过改动吗？"她说："创新的心，每个匠人都会有。我也曾经做过很多改动，但是效果都不理想，最后还是采用原图样式。""为什么呢？"我问。她答道："可能是僧人的心特别清净的原因吧，他们离真理最近。"好一个"离真理最近"！这是无可替代的精蕴所在。

住井启子的话，也让我想起明太祖朱元璋的故事：有一次，朱元璋召见画工周玄素，命他在殿壁上画一幅"天下江山图"。周玄素禀告说："我不曾游历四方，不知九州辉煌，故不敢奉诏，恳请陛下先勾勒草图，臣再修改润色。"朱元璋觉得有道理，就亲自提笔，稍许，天下江山便跃然纸上。朱元璋命周玄素修改此草图。周玄素禀告说："陛下江山已定，微臣岂敢妄动？"朱元璋听完，微笑默许。

是的，自古以来，心心不同。周玄素很难描绘出君王心中的江山，而他能如此明白一幅画的利害关系，已然是非常出色的匠人了。

住井启子女士继续说道："当然，小丸屋仅仅依靠一个枣形扇是远远不够的，必须进行多元创新，这叫共生！

我将小丸屋定位为：产品一定要增加附加值，要走高端路线。小丸屋的产品都是匠人手工制作，图案也都由我亲自创作，每把扇子都有一个典故，每种款式都是自己研发。每年为保证质量，只生产三万把扇子，从不多生产。没有任何广告宣传，扇子的销售全部依靠口碑。虽然它在同业中成本较高，但由于精美别致且独一无二，所以产品很多都在文化祭、歌舞伎、音乐会等活动中大受欢迎，人们已逐渐把它当作工艺品收藏或高端礼品来赠送。而我往往也会满足人们的需求，在作品上给他们签上名字，这就更加令人欢喜。并且，小丸屋对团扇制作技术的创意发挥和文化延伸，得到了很多国际知名品牌的信任与合作，因此口碑也越来越好，产品也越来越高端。

日本政府为了向海外推广日本文化，正全力推行"Cool Japan"战略，我们小丸屋以团扇和折扇为载体，积极参与其中，期待能为日本文化的发扬尽一臂之力。"

（三）管理

"我认为，企业规模的大小是由市场需求决定的，但绝不是越大越好，而是要保持财务和规模上的稳健。小丸屋现在只有 9 个员工，年平均营业额却高达 1.5 亿日元，订单已排到了三年后。对于目前这种'适正规模'，我很满意。对于我们这个有四百余年历史的传承老铺而言，员工们没有提拔的机会。我们每个人每个岗位都要轮流干，没有专职销售，有顾客时，任何人都可以承担销售的职能。在这种情况下，小丸屋不仅没有出现员工流失的情况，相反每个员工的工作态度都异常积极。这是为什么呢？

这就是他们作为小丸屋一员的荣誉感和快乐感所致。

几十年来，我不断在提醒自己：一定要让工作为人留下美好回忆！这个美好回忆，不仅仅是产品，还有人。

我时时都以报恩之心来对待员工，对前辈有敬畏心，对后辈有责任心和爱心，这会使传承更为有序。小丸屋的员工年龄老少不均，年纪最大的已经 87 岁了，经验丰富，技术精湛，当我还很小的时候他就已经在我们家工作了，至今仍耳聪目明，身体健康，每天都按时上班。现在他的主要工作就是带徒弟，把他一生的经验和窍诀都传授给年轻的工匠们，并且对他们要求很高，而对产品质量的要求则更是严格。员工中最年轻的学徒，才26岁，虚心接受老匠人的教诲，不断跟前辈切磋技艺。小丸屋的传承风气特别好，个个都精益求精。

但是，即便作为匠人，有时还是会出现失误，也会给客户做错产品，比如扇子颜色出现误差等。但凡遇到这种情况，损失就都由我来承担，这样既能保护匠人，也能保护客人，两边都不会伤心。这是我作为社长必须有的担当。

用心做事和用手做事，结果是大相径庭的。当你把这种感恩和包容之心点点滴滴渗入到工作中去，员工就会感受到温暖和爱，他们做出来的产品便更有感人的温度，这就是我努力将员工塑造成一流匠人的方法。

在管理上，我认为最难的就是自我管理。

我也遇到过危机。有一段时间，我经常做噩梦，醒来还害怕，加上市场竞争加剧，导致心理压力过大，以至于脸上出了很多疹子。去看了医生，效果也不明显。时间久了，员工也能感受到我的心理状况。后来我想：一定要战胜自己！于是，我慢慢梳理症结，尤其是那些敌对者，在心中逐一原谅他们，这样做完，心中一下就涣然了，很快就有了无所畏惧的轻松感。奇怪的是，当自己的心一下子轻松起来时，那些诸如做噩梦、害怕、出疹子的情形，也都很快消失得无影无踪——那个时候，我已50岁，从此才真正活出了自己！

更没想到的是，在我发自内心地学会原谅别人以后，竟有曾经的敌对者专程来找我道歉！你知道吗？当时我的五脏六腑都涌出了幸福和喜悦，而这件事也更坚定了我的匠心——要用自己这颗不断博大的心，更好地成就小丸屋。"

（四）家训：信念不动

住井启子女士的先祖，传给后人一条横幅，上面写着"信念不动"——这就是小丸屋的家训！每次见面，她都会拿出来给我看，并一直强调，这四个字是小丸屋代代传承的精神引擎，没有它就没有现在的小丸屋！

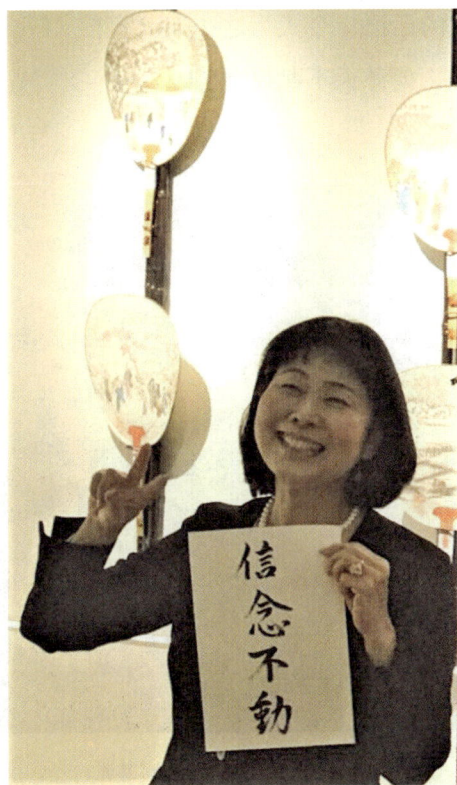

住井启子女士展示家训：信念不动

她说："这个家训，就是要我们'守天命'之心永不动摇。因为我们家族的团扇事业是受命于天皇的，因而可以说就是天命。而作为传承人，既然受命于天，就要尽本分，努力做好团扇事业，不能让先人蒙羞，同时也要为家族增添荣耀。这个家训是我们小丸屋家族心心相印的精神纽带！所以我要用尊严去捍卫它——不去考虑赚很多钱，而是考虑如何做得更好！专注凝心于扇子，在这个过程中让自己成为一个开朗、坦诚、像神一样有伟大胸怀的人！要多为别人考虑，绝对不给别人添麻烦，还要能给客户超预期的满足感，这样小丸屋才能做得更好！"

一段平实朴素的话语，令人为之久久动容！

有这样的匠心，何愁天不赋禄呢？！

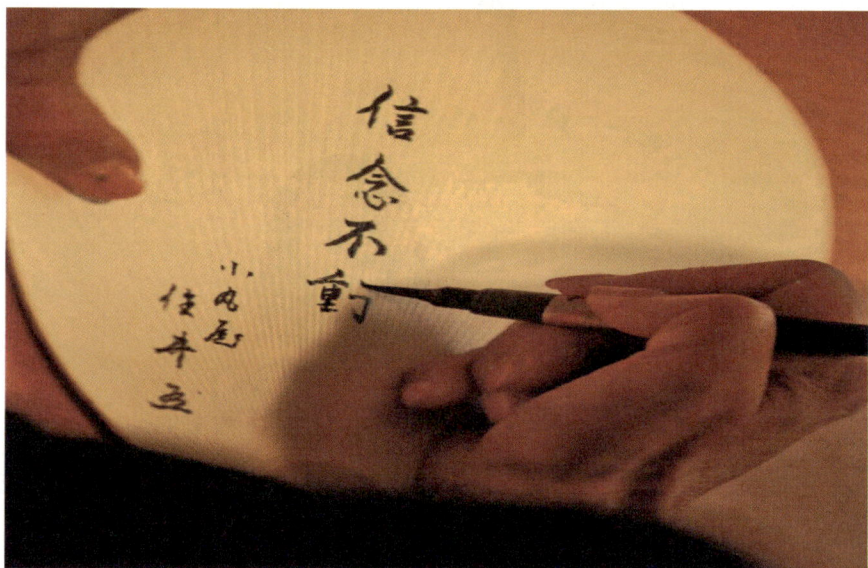

住井启子女士给来宾题写家训

讲到家训，她还特意讲了一件难忘的"寻祖"之事：她有一位祖上，年轻时不知流落到何方，活不见人，死不见尸。从他爷爷开始，家族一直没有中断寻找。父亲去世后，这个重任就落在了她的身上。

机缘巧合的是，她托人帮忙，在那位祖上逝世之处，还真的问到了相关讯息——这位祖上死在了某地的路边。于是，她找到了那个地方，但由于在乡村郊外，时间又久远，什么都没有发现。于是，她就去寺院请教僧人，该怎么办？僧人告诉她：在祖上去世的地方附近，找一块石头回来祭祀，因为石头会见证当时祖上的魂灵。祭祀之后，再把石头放入墓地，类似衣冠冢！

她说："祖先是根，根越深，树越茂，深根必有长生叶。这件压在家族心底很久的事情，能得到如此的解决，让我有了更深刻的领悟——一定要有更滂沛的担当、情义、孝道和更开放的心胸！"

我问她："您找到祖上死亡之地，但无尸骨，不知所措时，为什么会想到去找僧人？"她说："我信佛，当初枣形扇的来历也与中国宋代的僧人有关，我相信这个因缘一直都在护佑我，所以我也要感恩。寺院中很多扇子也是小丸屋专门制作赠送的，而这也是我报恩的一种方式。"

说到这里，她又流泪了。

（五）下一代接班人

住井启子有一儿一女，二人均不在小丸屋工作。跟大多数传承企业的子女一样，住井启子的儿女都被送到外面去培养，以获得良好的个体修养和经历，增加更多元的视野。

在这两个子女中，她选择了儿子来继承家业，也就是第十一代传承人。儿子是日本名校早稻田大学的高才生，毕业后在东京学习舞台音响，目前已经成为中生代的翘楚，但只要母亲一声招呼，他就会马上回来接班。问他放弃个人职业而继承家业是否会觉得惋惜？他说："不会。因为家族的荣誉已经数百年了，而自己所从事的工作才二十年左右，相较而言，家族荣誉更甚于个体价值。"

这种捍卫家族荣誉胜过一切的精神，令人肃然起敬！

就传承而言，有了这种真知灼见，人们根本不用担忧小丸屋的未来，唯有满满的期待！

（六）有道之美

住井启子所赞叹的宋代枣形扇工艺之精良及实用，与中国扇子的悠久历史密切相关。在中国的先秦时期，扇子即被广泛使用，成为时人常用之物。当时的扇子造型多端，那些半规形似单扇门的，称为"户扇"，当时亦称为"便面"，用以遮面之用。

四川出土的汉画石像人首蛇尾伏羲女娲图中的伏羲，便是一只手托日，一只手执便面。其作用，除了纳凉、附庸风雅之外，还有一个失传的文化意义："便面，所以障面，盖扇之类也。不欲见人，以此自障面，则得其便，故曰便面，亦曰屏面。"（唐代颜师古）意思是走路遇到不想打招呼的人，就用扇子遮面，避免尴尬和失礼。文献对此记载颇多，如《汉书·张敞传》亦载："时罢朝会，过走马章台街，使御吏驱，自以便面拊马。"在宋代张择端的名作《清明上河图》中，那个描绘用扇子遮脸的行为，即是"便面"。宋人杨万里的《诚斋荆溪集序》载："自此，每过午，吏散庭空，即携一便面。步后园，登古城。"金代党怀英《上皇书扇后》曰："便面团圞字点鸦，天风吹堕委尘沙。"清人孔尚任的《桃花扇·寄扇》载："便面小，血心肠一万条。手帕儿包，头绳儿绕，抵过锦字书多少。"清代张潮的《幽梦影》："观手中便面，足以知其人之雅俗，足以识其人之交游。"可见，这个便面，还真是使用广泛，作用多元，工艺和形制也多姿多彩。从魏晋开始，便面就成了雅士们的挚爱。现存魏晋壁画中的男子，连吃饭时也手持便面。后来所见的文人执扇、男女执扇遮面以及僧人饮食时的遮面习惯，都与此有渊源。及至宋代，便面逐渐为折扇所取代，亦称"便扇"。估计住井启子社长见到的宋代僧人所持的枣形扇，应该是"便面"或"便扇"。

作者米鸿宾与小丸屋住井启子社长

传统和历史是人类宝贵的财富，那里有源源不竭的生生之机！而住井启子能从中国文化中汲取营养，活化小丸屋，是非常值得人们尊敬的。

时至今日，每当我想起小丸屋时，脑海中都会浮现出住井启子社长的音容笑貌，还有小丸屋那高雅脱俗的店铺中一把把工艺精良、曲极其妙的团扇、折扇，优雅的外形与她文雅的字体相得益彰，无不饱含着小丸屋的精神之源和灵魂之美。

小丸屋店内的各种枣形扇

  还有那些通过镂空技术制造出来的光与影的完美相映，作品中所展现出的古老与现代、传统与时尚，都是那颗如如不动的初心所生发出来的魅力！在这个安静、低调的空间里，流动着无比丰富的精神气息，无声地释放着美好、喜悦、精致、感动，甚至还有安慰和疗愈……

  在动人心弦之处，一个个"信念不动"的"天命"传承，就像一位位传道士一样，以物载道，让世人在与物浑然之中，明道释惑……

  好美的生命！

三、永乐屋

京都的永乐屋（全称"永乐屋细辻伊兵卫商店"），是全日本最古老的棉布商铺，创立于1615年，迄今已有405年的传承史。永乐屋的现任社长、第十四代传承人细辻伊兵卫，是其第十三代传承人的"养子"（女婿），于2000年接班。目前，永乐屋是日本最具代表性的手工染织、包袱巾及町家手拭（布毛巾）品牌。其中，町家手拭已成为日本上层社会的应用首选。

京都永乐屋正门

（一）传承

2016 年孟夏，我率十翼书院门生数十人到永乐屋见学，现任社长、第十四代传承人细辻伊兵卫分享了"永乐屋的传承"，阐述永乐屋的变革创新和传承之道。

现任社长细辻伊兵卫先生在讲课

他的出场十分另类——身材清瘦，戴着流行眼镜，身着一袭黑袍，内配红色戏服，全身左边是中式，右边是欧式（后来他说这是取"中西合璧"之意），上面有金属质感的点缀，加上木耳花边的领口和袖口，复古之中透露着时尚气息——与其说他是企业家，其实更像艺术家。这种出场方式，个人特色极其鲜明，非常惹人注目，令人耳目一新，印象深刻。

细辻伊兵卫一边播放 PPT，一边为我们讲述永乐屋商号与众不同的来历。作为一个以绢布、棉布批发以及町家手拭起家的商家，它曾是

"日本战国三杰"之一织田信长的御用布商。织田信长所穿战袍"铠"之下的衣着"直垂",就是由永乐屋所制。后来,织田信长于1615年赐商号"永乐屋"及店主姓氏"细辻"。从此,永乐屋每代传承人都继承了"细辻伊兵卫"的名字。

细辻伊兵卫介绍说:"永乐屋是以家族为单位的企业,一代一代传承下来,均以单一产品为主。它与日本很多家族企业一样,也是工厂与住宿合二为一,或前铺后宿,或下铺上宿。目前,永乐屋最老的员工已经历经了四代社长。

日本的家族企业传承有31个传统领域是实行'一子相传'的家元制度的,它规范了学习内容、姓氏和家纹。日本的家元制度产生了成千上万个流派,流派子孙可以非常体面地继续家业、名号、资源与荣耀(如同中国孔府的衍圣公一样)。后来,随着时代的变迁,家元制度渐渐使得没有亲属关系或婚姻关系的人也可以成为继承人,我便是其中的受益者——我原本是自行车工程师,后来又进入了服装界。2000年时,我临危受命,以女婿身份从十三世传承人手中接过债台高筑濒临破产的永乐屋。我接手后,为了使企业能够延续,不惜抵押房屋,将这个四百年的老字号另辟蹊径重新定位——将精益求精的匠人精神和与时俱进的创新精神相结合,让文化成为最大的生产力;将日本百年经典传统印染技法中的'友禅技法',融入现代元素的图案设计,创新为京都文化的承载物,推出一系列复古町家手拭、风吕敷、钱包等。产品一经问世,即引起了一股复古潮流,大受欢迎!这使得永乐屋在艺术与商业之间,找到了激发活力的支点——将传统技法依托于文化传承,赋予艺术化、哲学化的创新!

作为传承人,一定要学会适应时代发展,要不断研发出适应时代的作品,这样才能使传承生生不息。我依循昭和时代以来的传统,顺应季节更迭,每年推出约一百种新花色,其中的'樱花'与'舞伎'

系列最受市场欢迎。连国际知名品牌'爱马仕'也找上门来合作。我们将日本最有代表性的樱花、富士山、京都的春夏秋冬以及日本佛教去除烦恼的达摩像、日本财神大黑天等，艺术性地融合在一起，将独特的地域特色、文化理念、精神意蕴通过自己的作品展示出来，不仅立意高远，引人遐思，更极大地提升了品牌的价值美誉度。这种效果，令爱马仕品牌十分欢喜！

此外，在永乐屋的手巾上，那些充满生活气息的各种猫咪造型、舞伎骑脚踏车、打高尔夫，圆形以及京都的四季景色等具有现代元素的图案，比比皆是。而在这世间，人人都有烦恼，我便因此根据中国禅宗初祖达摩的形象创作了'烦恼达摩'系列产品——代表108种烦恼的达摩，表情也各不相同，客人们乐此不疲地从中寻找自己喜爱的'达摩'。而这个'达摩'也成了永乐屋的人气王，展现了四百多年的老铺与现代社会接轨的独特创造力。

在不断创新的基础上，为了满足人们对多元风格的喜好，我们永乐屋还相继推出了子品牌——伊兵卫 RAAK、伊兵卫 Ihee 和伊兵卫 ENVERAAK，并积极策划手拭展览会以及通过 Twitter、Facebook、YouTube 等社交网络与爱好者们互动……"

我问他："永乐屋是否有国际发展的计划？"他说："已经有了进入中国的计划——因为中国的顾客在外国人中，购买力是最强的，并且一些中国知名人士也都是永乐屋产品的客户。为此，我们已在中国注册了商标，等待时机，蓄势而发。"

（二）家训

作为日本知名匠人的代表，讲到企业长寿的诀窍，细辻伊兵卫与西尾洋子女士一样，重点都谈到了自己的家训——永乐屋第四代传承人为后人制定的十条家训。它们是：

①家族和睦

②孝顺父母

③不奢侈

④感恩

不忘四种恩：众生恩，父母恩，国主恩，佛祖恩。永乐屋世代的传承人都对佛教感情亲切。

⑤信守五常——仁、义、礼、智、信

源自中国文化的五常观念，深植于身心之中，不仅是做人的行为规范，也是经营者要恪守的信条。

⑥了知生命无常

了解生命的无常，砥砺自己时常保持精进状态，用粉身碎骨的精神去工作，为家族的传承做出没有遗憾的担当。

⑦通过自己的劳动得到收入

不投机取巧，不懒怠，不仰仗政府。

⑧拥有健壮的身体

身体是事业之本。

⑨遵纪守法

⑩供奉大黑天

持有以上德性，自然就能得到大黑天的护佑。

大黑天是日本佛教文化中的财神。例如，著名的京都世界文化遗产清水寺，进入山门后，看到的第一个佛教造像就是大黑天。

对上述家训中的第六条"了知生命无常"，细辻伊兵卫还进一步分享了日本著名禅师亲鸾上人的故事。他说："亲鸾上人九岁那年，决心出家，便请慈镇禅师为他剃度。慈镇禅师问他：'你这么小，为什么要出家呢？'亲鸾说：'我虽然只有九岁，父母却已双亡。我不知道为什么人一定要死亡，为什么我一定要与父母分离。所以，我一定要出家，探索这些道理。'慈镇禅师说：'好！我答应收你为徒。不过，今天太晚了，待明日一早，我再为你剃度吧！'谁知亲鸾却说：'师父！虽然您说明天一早为我剃度，但我终究是年幼无知，加上世事无常，我不能保证自己出家的决心是否可以持续到明天。还有，师父您年纪也这么大了，您也不能保证自己明早起床时还能活着吧？'

慈镇禅师听完，不禁拍手叫好，满心欢喜地说：'对！你说的话完全没错。我现在就为你剃度！'

人生变化无常，虽然思在未来，但却要行在当下。想想看，人们曾经动摇、放弃过多少决心呀？！中国有句话说：'一万年太久，只争朝夕。'是的，今日事，就应该今日毕，否则到了'明天'，即便你决心还在，恐怕周围环境也已时过境迁了……"

细辻伊兵卫这一番话语，饱含哲理，闻之令人肃然。要知道，在这世间，虔诚不是为了感动谁，而是为了丰富自己。

其间，有人问细辻伊兵卫："您能否再讲讲刚才提到的'要用粉身碎骨的精神去工作'这句话。"他说："用粉身碎骨的精神去工作，不是口号，它是永乐屋每一代匠人的精神坐标。任何成长，都不是一蹴而就的，人生所有的成功都是厚积薄发的结果。你要经得起打磨，下得了功夫，耐得住寂寞，才能有所成就。"

这让我想起胡适曾说过的一句话："这个世界聪明人太多，肯下笨功夫的人太少，所以成功者只是少数人。"诚哉斯言！

关于家训的作用，细辻伊兵卫最后强调："在永乐屋四百多年的传承中，遭遇过多次磨难，包括战争、火灾以及社会变革和时代变迁等导致仓库被烧毁、家产被强行没收、店铺被征收等艰难境遇，但都没能阻挡永乐屋传承的步伐，无数次它都能绝处逢生。这是为什么呢？

因为永乐屋每代传承人都恪守十条家训，并全力传承！"

要知道，人的心，因静而定，因定而平，因平而空，因空而慧——我们每个人都感受到了细辻伊兵卫话中所绽放出的自信与凛然！

孟子说："有恒产者，有恒心。"（《孟子·滕文公上》）

诺贝尔奖的获得者，爱尔兰剧作家萧伯纳也说："我年轻时注意到我每做十件事有九件不成功，于是我就十倍地去努力干下去。"他还说："所谓的天才人物，指的就是具有毅力的人、勤奋的人、入迷的人和忘我的人。"这些"君子千里同风"的共识，呈现的都是匠人精神。唯愿我们也能早日抵达共鸣的顶峰。

（三）传承人

关于传承人，细辻伊兵卫说："我们经营的核心不是为了赚钱，而是希望把永乐屋长久地传承下去。如果儿子不愿意接班，就传给女儿；如果女儿也接不了，那就招上门女婿；再不济，就招一个养子。总之，无论如何，都不能让传承中断。

如果儿子愿意接班，但他不具有匠人的素养，对未来也没有什么帮助的话，那也不会让他接班，因为'传承'下去是最重要的。

所以，真正的传承是没有标准答案的，继承方式很灵活，不仅有个体亲缘血脉关系，也包含组织血缘关系——只要能恪守家训，正常纳税，能把'永乐屋'名号传下去，怎么创新都不过分。"

多么可敬可畏的赤子之心！

深沉与高妙并见，平实与睿智具呈，不仅解渴、解忧，亦尤为增益人们对文化传承的敬畏！

（四）芬芳

茫茫溯薪火，渺渺见精神。

从永乐屋第十四代传承人细辻伊兵卫身上，我们可以领略到匠人的风骨——目标相当明晰，志向十分坚毅，行动与时偕行，成果百花纷呈！

京都永乐屋店内一隅

更为珍贵的是，永乐屋中无处不泛显着京都的气息、色彩与魅力……这些都是这个百年老铺应有的芬芳。

四、高野山大师堂

（一）高野山

位于日本和歌山县的高野山，是日本佛教名山，被誉为"日本人的精神故乡""天空的圣地，人间净土"。一千二百多年前，日本平安时代的弘法大师（又名空海）从唐代长安大青龙寺惠果和尚处求法圆满返回日本后，在此修行，开创了高野山真言宗，建立了金刚峰寺，成为世界各地求学东密佛法的圣地。2004年，高野山被联合国教科文组织评为世界遗产。高野山上遍布着120座寺院，行走其间，唐风寺院的庄严，高耸松林的磅礴，奥之院的静谧，坛上伽蓝的精美，僧侣的柔和，日本园林的风骨，环境的涤荡……不忍错过精气神！

高野山大师堂

（二）寿星

我最喜欢来高野山，良辰美景相谐成趣，义士贤人齐汇流芳，每一处精致，都可透出精神上的清爽与恢宏！

如果来日本，没有去过高野山，那是个遗憾！

在高野山，有一家传承了三百二十多年的制香企业——高野山大师堂。如今的传承人是高梨晃瑞，大师堂第三代传承人，我们已经见过多次面，但我最难忘的，是2016年夏天见面的场景。

高梨晃瑞社长对"十翼书院"四个字很感兴趣

那天，按照约定时间，我们早到了大师堂。数分钟后，看到高梨晃瑞社长远远骑着摩托从山上下来，速度还有点儿快，急着赶路的样子。停好车后，马上下来跟我们道歉，一再说不好意思，请原谅！其实，他根本就没晚到。进店后，他又再次致歉因为晚到而让我们等他了。肖阳老师问他："第一次见您骑摩托，这是去哪儿了？"他笑眯眯地说："去看我妈妈。"我们一听都很惊讶。"妈妈今年多大岁数了？"我问。"我今年76岁了，你们猜猜我妈妈今年多大年龄？"他反问道。我们再次被惊讶到，如果他不说他76岁，我们根本看不出来！这也与刚才骑摩托车的形象相差太悬殊了，我们都认为至少要小10岁以上。大家都很好奇他妈妈的年龄。最后他告诉我们："妈妈今年98岁了，还有两年就100岁了。"一听到百岁老人，我们又很意外。"您和妈妈都住在一起吗？"我又问他。"没有，妈妈一个人独立生活。"他笑眯眯地回答。啊？太让人脑洞大开了。"那有保姆照顾吗？"我又问。"也没有！她自己做饭，收拾卫生，散步……"他每一个回答，都给我们新的惊奇。

他接着说："刚才各位问到了我母亲的年龄，没有来得及问我父亲的情况。我父亲十年前以96岁高龄去世。也正因为我们家族都长寿，所以大师堂传到我才是第三代。"

前两代传承人的寿命都是百岁左右，太不可思议了。

当时，我忽然想起了《黄帝内经·素问·上古天真论》所说的："上古之人，其知道者，法于阴阳，和于术数……故能形与神俱，而尽终其天年，度百岁乃去。"上古那些真正精通"道"的人，他们各个有识势的功夫，知道如何效法日月阴阳的势能变化，依据掌握的具体方法，做到与势相合，胜物而不伤，最后还能度百岁而去。

这活法，实在是令人艳羡！

（三）大师堂

关于大师堂，他开始娓娓道来："大师堂在七百年前是一家制药老铺，以生产大师陀罗尼丸为主，距今三百多年前才开始制香。日本百年香堂制造的各种沉香、檀香和药香，是以高野山大师堂生产的香为首选的。在我们心中，大师堂的香是给神明做的，所以香方忠实地沿用了唐朝古方，并严格按照经典要求来制作。每个参与制香的人，早上都先沐浴，然后念诵《陀罗尼经》，诵经之后，严格按照真言宗《陀罗尼经》制香经文所载时辰，依序和香，全年无间断！这个制香过程中的'精神工序'，外人难以复制。

大师堂香

大师堂的香，所有原料皆严选自天然材料，无任何化学成分。其中的香料主要从中国、印尼、越南进口。就连制香的黏合剂都是从椭木中提取的，和以30%汉药、30%药渣，色料也都使用食用级别的，无任何公害。制成的高香烧完后，香灰不倒（外力作用除外），会依然直立。香灰上金色的箴言，字迹也清晰可见！因此，它还被称为'高野灵香'。

因为我们有七百多年历史的大师陀罗尼制药传承老铺，财力早已富足，加上大师堂的香是专为佛、为天所制，不是为赚钱而制。因此，大师堂每天制作的500公斤香，主要是供奉高野山上的寺院。供养之后的余香，才在店里销售。"

说到这，他用手指了指墙上的一个牌匾，上写：德事业之基。这句话是告诫大师堂所有人及有缘见到者，要做有德的事情，因为德是万业之基础，包括制作让人真正长寿的药也是德行。

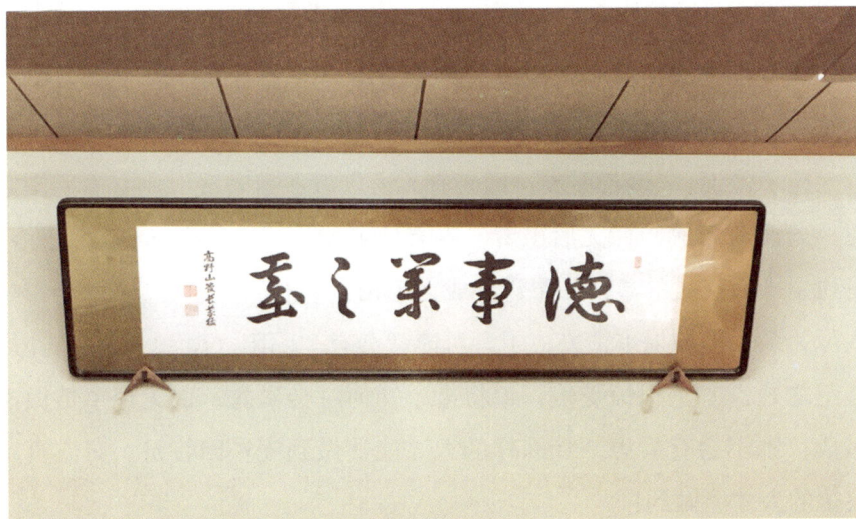

大师堂牌匾：德事业之基

他这一席磅礴中见微细的话语，让我们不约而同地长时间击掌以谢……

是的，人格越高，生命越有尊严！《左传》即言，世间有三件不朽之事："太上有立德，其次有立功，其次有立言，虽久不废，此之谓不朽。"可见，立德是第一位的。

提到"德事业之基"，让我想起"事业"这个词。关于什么是事业，恐怕今人大多难以回答清楚，但中国文化在几千年前就对此有详细定义："举而措之天下之民，谓之事业。"（《易经·系辞》）什么意思呢？就是，你所做的事情让天下百姓受益的同时，自己也受益了，这样的事情才叫事业！由此可见，真正的事业就是德业。那些从事损人利己的产业者，其所赚之财，在唐代即被称为"浊富"。清代张潮在其《幽梦影》中说："为浊富不若为清贫。"为什么呢？那是因为：浊富的后果很严重——浊富损三代人！你从那些坑爹、坑爷爷的富二代、富三代身上，就可以知道他们是浊富的受殃者了。

除此之外，《易经·系辞》还强调要"进德修业"。为什么呢？因为德大资产才大！这个资产包括财富、声名、寿命等。由此，我们也不难理解高梨晃瑞家族人群长寿的原因了。

庄子曾说："事若不成，则必有人道之患；事若成，则必有阴阳之患。若成若不成，而无后患者，唯有德者能之。"（《庄子·人间世》）是说，别人交代的事情如果没办成，恐怕就会有"人道之患"，会影响人际关系；但如果事情办成了，可能就会有"阴阳之患"，因为有违规违纪之处，心里担惊受怕，怕将来不知何时会暴露；而无论事情做没做成，都不会有后患，什么样的人才能够做到呢？回答是：只有真正有德的人才能做到！

大师堂这个"德事业之基"的牌匾，就给了人们这样的提醒。

介绍完大师堂的历史之后，高梨晃瑞社长又带我们进入制香车间，在参观中讲解各种香品的制作流程。尤为值得一提的是，他还带我们进入了大师堂的制香技术密室，他说："这是我第一次带外国人进入技术密室，你们是第一批见证高野灵香制作细节的中国人。"

高梨晃瑞社长在密室中给我们讲解制香诀窍

密室虽小，但伴随着高梨晃瑞清爽的眼神，雅逗的表达，干干净净的含蓄抑或犀利，令人陶醉其中……

（四）家训

交流中，我问高梨晃瑞社长，大师堂的家训是什么？他脱口而出："用心出品，利益自来。"

用心做好产品，利益自然会随之而来。一种"好酒不怕巷子深"

的自信扑面而来。

我又问:"三百多年的传承,大师堂有没有考虑过扩大生产,增加销售?"高梨晃瑞先生憨憨一笑,做出了一个吃饭的动作,然后说:"祖训说,能够全家人吃饱饭就可以了。"多么平实的话语啊,但又充满熠熠生辉的精神力量,如清泉般沁人心脾,发人深省!

《左传》曰:"不贪为宝。"大师堂的传承人便身怀此宝!

《道德经》说:"知足者富。"他们是这世上真正的富有者!

一个人,富且有宝,平安喜乐自然就会滂沛,生命亦因此而动人。

(五)传承

日本匠人企业传承人的遴选,代代都以兢兢业业、心无旁骛者为主,大师堂亦然。

高梨晃瑞先生有两个儿子。他将"聪明"一点的长子送去读书,如今已是政府的公务员;而"笨笨"的次子,则从小开始按照接班人来培养,以至于他的成长动线,基本上就是以香厂和大师堂店铺的两点一线为核心。为了能更好地传承这份家业,更好地担当祖训,小儿子还毅然决然地出家了一段时间,希望能够让自己的心灵更加纯粹,令人赞叹!

中国有一句古语:"富,莫富于纯粹。"(宋代徐大升《渊海子平》)说的就是这样的人啊!

(六)后记

美丽的高野山,苍穹湛蓝,山花烂漫,在朴素与天然之中,些许妖娆奋力地绽出,明媚着每位有缘者的心灯……举目四望,片

作者与高梨晃瑞社长合影

片白云如轻烟般在空中缭绕，愉悦在这里一点儿都不奢侈，俯仰可得！

生命中虽无时时的百花盛开与芳香四溢，但你来到高野山却能发现：在在处处，都有向阳一片的盎然！

这世间，力的作用是相互的。任何一个传承不亡，必有它的命脉在！

自大师堂传承伊始的三百多年来，代代敬奉高野山诸寺院灵香，善护生养他们的土地和家乡；反之，高野山也在绵绵之中护佑着他们——让长寿、平安、知足、温情与其家族世代相随，喜乐相伴。这叫大养人！

五、舞昆

如果跟你说，有一家老铺，经营海带食品有七百五十多年，你会想到什么？

（一）长寿有道

日本是世界上最长寿的国家。据 2019 年日本厚生劳动省最新发布的全球平均寿命统计，日本女性平均寿命 87.45 岁，男性则为 81.41 岁。另据世界卫生组织的报告显示，日本还是全世界肥胖率最低的国家之一，更是发达国家的表率！2016 年日本肥胖率约是 4%，即便是以浪漫优雅、精致苛刻著称的法国，肥胖率亦高达 11%，美国则高达 32%。

日本国民长寿的要因有很多，比如干净、医疗条件优越、生活习惯好、独特的饮食搭配、保持运动和学习，以及追着太阳跑、每天大笑等通法。还有，日本政府出台的相关政策也厥功至伟。比如，为了促进国民身体健康，早在 2008 年 4 月，日本厚生劳动省就倡导"全体国民瘦腰计划"，并颁有法规：地方政府和企业每年为雇员进行体检时，必须严格检查年龄在 40—75 岁之间员工的腰围，男性腰围不得超过 33.5 英寸（85 厘米），女性腰围不得超过 35.4 英寸（90 厘米）。为深入贯彻这项"国计"，从幼儿园开始，日本政府就施行"食育教育"，告诉孩子们如何既健康又营养地吃好一日三餐，从小培养良好的饮食习惯。对于已过"食育教育期"的人群，政府则推出"特定保健指导"制度，规定他们必须义务接受内脏脂肪检查，及时了解身体状况，减少疾病产生概率，给家庭和社会减轻负担。

除以上所述之外，关于日本人的长寿之因，我认为以下两点更应了解：一是日本人有跪坐习惯。人在跪坐时，膝盖弯曲，两个膝眼作为肝经下行的枢纽，膝盖弯曲时被打开，极大促进了肝血下行，气血运行质量大幅提升，尤其能够使脚上五脏原穴源源不断地活络，对健康十分有益。二是日本人喜欢吃海带制品。海带在日本称为"昆布"，日本年产干海带 15 000 斤，制作成多元食品，人均年消费 500 日元。海带益处很多，比如，它有极强的开拓和疏散的势能，这种无形的势能，一旦进入身体，即可纠偏。并且海带本身还具有黏液和腥气，其黏液有去除瘀邪和淤阻的功效，能预防心脑血管疾病、降血压、调理肠胃、补钙、排毒、养颜和减肥；而海带的腥气，还能散结软坚，促进机体细胞免疫，抑制肿瘤。在日本，小小一碗海带豆腐汤，竟是公认的减肥"爆款"！可见海带是十足的康养佳品。

日本大阪有一家历史逾七百五十多年的海带老铺——舞昆。现任社长鸿原森藏先生，年近六十，头发乌黑，其夫人鸿原明子看上去也比实际年龄要小很多！

舞昆还有一个为人津津乐道的动人场景：一位年近九旬的老人，经常在舞昆门店早上刚开门时，就去给他的妈妈买海带食品——他们已经吃了五十多年了！这就是人们常说的"食养"。

（二）一路，一带

日本的匠人们，不仅热爱本职工作，还让自己从优秀做到卓越，从专业做到精尖，直至独树一帜。

七百五十多年前，舞昆的先祖们就开始兢兢业业地做海带食品，一路走来，一带至今！鸿原森藏社长为我们介绍了舞昆家族悠久的历史：

舞昆总部

"舞昆的家族史可追溯到清和天皇时期的公元 1340 年，是中兴之祖源氏细川师氏的后裔。先祖受命担任淡路岛守护，在 1519 年，因'应仁之乱'，遂改姓为'鸿原'。从第一代大土居城养宜馆（海带经营）城主传承到二十七代。二十七代社长于 1962 年将'鸿原昆布'改为'舞昆'，2004 年从淡路岛迁至大阪。2010 年，我从父亲手上接班，成为第二十八代传承人。

关于'舞昆'之名，日语中'舞'有飞扬、高兴之意。日语称海带为'昆布'。'舞'与'昆'组合起来，其寓意是给人们提供能带来欢喜的高品质海带，让人们的餐桌食材更加富有温情。

在日本，人们对谐音比较关注。比如，日本人不喜欢 4 和 9，因为在日语里 4 的读音跟'死'的读音类似，9 的读音跟'苦'的读音类似；而'昆布'与'高兴'的读音类似，为表吉祥，便有了将昆布当礼物的传统。清代时，'昆布'出口到中国，用以交换汉方药（中药）和食品。明治维新的后期，祖上的兄弟们曾因价格的无序竞争，发生了不休的争闹。对此，祖父十分震怒，告诫子孙：一定要创新，要做没有竞争的事业！

受到祖父训诫的启示，加上因不忍心看到传统流失，我通过研究日本人的'吃米'文化（战后西化的结果），以及深入探究年轻人对汉堡之类面食趋之若鹜的现象，终于研发出——以木通花花粉作为天然酵母，精选北海道海水中两三米深处的海带，再将二者结合——适应现代人身体要求与口味的发酵海带产品。未承想，产品一上市便受到了极大欢迎，很快就成为日本的国民美食，享誉全国。而我，也因此被誉为日本的'味觉魔术师'——简直就是操'味'如神！"

虽然舞昆内部的研发空间不算大，但斗室有乾坤！

随着研发水平的不断突破，加之与日本知名大学前沿科技研究的密切合作，使得舞昆的海带食品（以发酵为主）及健康食品系列，涉及改善睡眠、促进大肠蠕动、增强记忆力、预防老年痴呆等多元功效，产品越来越丰富，越来越接地气，后来还衍生出了"美和堂"和"食之锦"品牌（后者系笔者所取名），以枇杷提取物与海带结合为主的食用品。

尤为值得一提的是：2019 年，鸿原森藏社长用海带提取物做原料，研发出了"海藻酸钠"伴手礼——这个薄如海苔的产品上面印有各种图案、文字和颜色，然后放到茶水、咖啡、饮料、汤水等液体中，三分钟后，会慢慢地氤氲化开，然后随同饮物一同喝下……那种视觉感，特别喜人！根本不舍得喝下去，就想着一直保持着当下的美好。这种入口前带给人的惊喜，常常令人情不自禁地先去拍照留念——所有美好的记忆，都是幸福人生的重要指数。

除公司 logo 之外，鸿原社长还将节日祝语、二十四节气、吉祥句等融入其中。他也专门为十翼书院做了定制，他说这是他的中国第一，敬献给老师……

诚意中的欢喜，是十分令人铭心的。

鸿原社长接着介绍道："舞昆对海带的研发，除食品外，还涉及环保。我们正在研发利用新技术生产以低品级海带为原料的环保塑料袋，一旦成功，人类将大受其益。

值得一提的是，我所酿'食之锦'品牌，作为舞昆的迭代产品，也开启了新的征途，即：从 1340 年的'养宜馆'，到 1962 年的'舞昆'，再于 2021 年新增'美和堂''食之锦'——老树开出了怡人的新花！"

舞昆发酵海带产品，日本唯一

（三）家训

鸿原森藏社长在给世人奉献传统美食韵味的同时，也展示了与时代并进的灿烂，这是匠人精神的可贵之处。

七百五十多年来，舞昆究竟是靠什么一路走过来的呢？鸿原森藏社长的答案还是家训！

舞昆的家训是：

"确乎不动！"

他解释道："当你继承了先祖的事业，成为传承人时，就要与他们精神贯通，一脉相承。确乎不动，就是要每代传承人，不忘初衷，勿受外界影响，专心做好海带事业。"

舞昆现任社长鸿原森藏展示家训：确乎不动

这就是唐代韩愈《省试颜子不贰过论》中所说的"不以富贵妨其道,不以隐约易其心,确乎不拔,浩然自守"的境界!

英裔加拿大作家格拉德维尔曾提出"一万小时天才定律",是说,任何人经过一万小时的真实努力,都可以从平凡变为超凡;而要成为一个领域的专家,也往往至少需要耗时十年以上。鸿原森藏社长说:"任何一件事情,'确乎不动'坚持十年,就可以骄傲地告诉自己,已经成为遵守和自己约定的人了;'确乎不动'坚持二十年,就可以让人敬畏;'确乎不动'坚持三十年,便可以成为历史;'确乎不动'坚持至一百年,就会成就其伟大!"

如此简单的道理,如果从小就能灌输给子女并践行下去,那么三代左右,一个崇高的家族就会出现!可是,很多人的思想里根本融不进这些理念,他们的心,就那样飘啊飘,从未得到过安住,直至魂飞魄散。

事实上,很多传奇的造就,都离不开"与物浑然"的境界。

《庄子·达生》中的两个故事,颇能说明这个问题。

故事一:

有一次,孔子和弟子们在楚国出游,刚走出一片树林,就被一个神奇的场面吸引住了:"见佝偻者承蜩,犹掇之也。"一个驼背老人正用竹竿粘蝉,如同在地上拾捡树叶一样容易!

孔子惊讶地问道:"您这么灵巧的功夫,是靠什么诀窍练出来的呀?"老者答:"我当然有诀窍了——在竹竿顶上叠放两个泥丸,静静地竖起竹竿,'五六月累丸二而不坠',训练五六个月的时间,直至两个泥丸不再掉落下来,到此地步,捕蝉时就很少会有失手的情况。不过,这不算什么,当我'累三而不坠,则失者十一',再在竿头上叠放三个泥丸也不会掉落时,粘蝉失手的概率,就只有十分之一了。及至最后'累五而不坠,犹掇之也',在竿头上叠放五个泥丸也掉不下来时，我粘蝉就好像在地上拾取一样容易了。粘蝉时，我身子站定在原地，如同没有知觉的断木桩子；我举起的手臂，如同枯枝。虽然天地很大，容有万物，但此时我的世界中只有蝉翼。我不回头也不侧身，一动不动，不因万物变化而改变我对蝉翼的注意，达到这种状态，还有什么得不到呢？！"

孔子听完，回头对弟子们说："用志不分，乃凝于神，其佝偻丈人之谓乎！"运用心志而不分散，精神专注凝于一处，说的不就是这位驼背老人吗？！

故事二：

孔子的弟子颜回，有一次在一条湍急的河流上，见一摆渡人"操舟若神"，在惊涛骇浪中游刃有余，如有神技！颜回崇拜得五体投地。

颜回谦虚地问："您这驾船神技其他人能学会吗？"摆渡人说："当然可以，'若乃夫没人，则未尝见舟而便操之也'。只要你会游泳，尤其会潜水，就算没见过船，也能无师自通！"颜回听完，似解非解，便去请教老师。孔子说："这很简单，只要你转换思维，换个角度思考就会明白了。那位船夫是在水路，你把他想象成在陆地上就可以了。他看到船只行驶就如同看到车马在陆地上行走一样。我们走在陆地上，忘记了陆地的存在；他善于潜水，已经'忘水也'，忘记了水的存在；他熟悉了水中的一切，'彼视渊若陵'，他眼中的深渊，就如同我们在陆地上看到山丘一样，把小船的倾覆看作是车在陆地倒退一般。翻船、倒车等情形，根本不能扰乱他的内心，他怎能不将船驾得轻松自如呢？"

颜回听完，恍然大悟。

这便是《庄子》中"累丸承蜩"（亦称"佝偻承蜩"）和"操舟若

神"的故事，它们给了我们相同的启示：

神技无它，熟能生巧；心无旁骛，便是法窍。
神散术残，唯人自召；确乎不动，必得光耀！

（四）传承

鸿原森藏社长有两个女儿，长女嫁到外地，传承夫家的糕点事业。而毕业于日本百年商校甲南大学的次女鸿原舞，则成了接班人。

为何选择二女儿做继承人，还有一个有趣的插曲。2019年，鸿原夫妇成了我的学生。有一次，我在书院讲到中国文化的核心是"格物"智慧时，解释道："格物是探究事物势能发展规律的学问，如果没有格物的功夫，就不可能精通中国文化。每个人的生命轨迹都是势能所使然，并且都是有迹可循的，但前提是，你要有慧眼。"这个立基于"阴阳是中国哲学的基础，五行是中国文化的基本结构"基础之上的格物之学，包罗万象，含摄万物。在应用举例涉及中医时，我说："中医理论对格物智慧作出了很好的展示：医生除了要熟悉每一味药的势能之外，还要了解人体内在势能脉络的系统性。譬如，'肾气通于耳'（《黄帝内经·灵枢·脉度第十七》），肾气连通着耳窍，耳朵的听觉功能依赖于肾精的充养，若肾气充足，则听觉灵敏；若肾气不足，则会出现耳鸣、听力减退等症状，二者息息相关。此外，肾在五行中属水，因而耳的五行亦属水。"我现场以舞昆社长鸿源森藏先生举例："他的耳廓中长有一颗黄豆粒大的褐色痣——依'表象即表法'之理，有'痣'就是有标志。这个褐色痣的势能，是肾水势能明显的标志，更是生命中水的势能突出的显象，而海带就是水中的产物，其五行也属水，二者同性相求，更是对人生命势能所向的指引。"此言一出，听者皆哗然，柳暗花明之中展现别开生面的欢喜，十分难忘。

鸿原森藏夫妇也是第一次听到这个观点，意外之际又深以为然！课后，他回想起，他的祖父辈们也有这个特点。而尤为惊讶的是，其次女鸿原舞也有这个共同点！

后来，夫妇二人因为我的观点，便选择了次女鸿原舞作为下一代传承人。

在次女鸿原舞的婚礼上，笔者与婚礼双方亲友的合影

你看，因缘真是不可思议——我言一席话，他定接班人。这就是不期所至！

而更令我难忘的是，2018 年的夏天，我有幸受邀参加其次女鸿原舞的婚礼，并且还作为唯一的外国嘉宾致辞。现场很隆重，宾客名流云集，来自日本各界。但最最令我终生难忘的，是现场那种无以言表的凿透身心的仪式感！

以前曾见媒体报道说，在全球礼仪中日本排名第一，我未曾入心。但这次来自现场的震撼，则刻骨铭心！只有亲临，才深有体会，至今仍历历在目！

后来，我经常跟友人分享：如果想体验日本国民的礼仪，若有机缘，请一定参加他们的婚仪。

六、千年的锦绣——汉方医学

（一）一"医"带水

中国的中医传承，在日本有着悠久的历史。日本将中医称为"汉方医学"，将以汉代医圣张仲景为代表的传承下来的固定经方用药，称为"汉方药"，且目前很多汉方药都已经成为日本家庭、学校、企业必备的"国民良药"。

其实，无论中医还是西医，只不过是疗法划分不同而已，因为人体本身并不分中西，疗效是唯一标准。日本医疗界通过长期实践发现：高龄患者中的疾病多具有综合性，平均每次要吃 7 种以上西药，对于 51% 以上的这类疾病，西医疗效有限，而汉方药却疗效显著。因此，基于汉方药的价值贡献，日本文部科学省宣布从 2006 年起将"中医学概论"列入全国 80 所专业或综合性大学医学部的教学大纲，成为医学专业必修课程。其中，《黄帝内经》《神农本草经》《伤寒杂病论》《金匮要略》等中医经典源头文献，成为日本医生临床实践考试科目之一，并于 2008 年起被纳入日本医生资格考试试题范围。如今，90% 的日本医生都能娴熟地开出汉方处方药。

日本汉方医师的认证由专门的汉方医师协会来完成。除此之外，汉方医学学术研究组织和汉方传播媒体也对汉方医学在日本的推广起到了重要作用。代表性的机构有：日本东洋医学会、庆应大学汉方医学中心、北里大学汉方医学研究所、日本富山大学和汉医药学综合研究所等。此外，北京中医药大学和上海中医药大学在日本亦设有分校。在这些机构中，日本东洋医学会的影响最大，仅会员就超过 1 万人。据统计，日本各学会主办的学术刊物多达 32 种，颇有代表性的有《汉方医学》《医道的日本》等，他们常年举办汉方学术活动，开展相关教育与培训，传播出版汉方医学知识和汉方医学刊物，成为汉方医学传播的主要媒介。除此之外，日本汉方界还特别重视国际交流，尤其是与中国的交流。

日本大阪汉方医学振兴财团理事长中本佳代子女士，曾于 2018 年随日本人生塾一行访问十翼书院（见第二章"赞美淋浴"）。她今年已有 58 岁，在她 30 岁时，毅然从西医专业转向了中医，并且还专程到中国拜访过邓铁涛、卢崇汉等名医，保存下来的那一张张合影中，中本佳代子女士的表情洋溢着怡人的喜悦……

她说："汉方医学在日本的明治维新时期曾被西医取代过，后来回潮。目前日本的汉方医学已经进入与西医的最佳融合期，而自己带领的协会也正是以保护中医传承为奋斗目标。目前自己每天都出诊，患者数量日均 50 人左右……"精勤的敬业精神，令人感佩。

中本女士对中国中医的医脉和各代传承人物及其著作，简直就是如数家珍！她讲课的课件，内容完备、条目明晰。当我问及她的中医老师现况时，她说："我的中医老师已经去世多年了，他去世时已有 90 多岁。"我问她："您的老师在学习上跟您强调的核心是什么？"她很意外，说："还从来没有人问过我这个问题呢！我的老师在去世前一直强调：虽然在诊断方面汉方医学侧重于气、血、水，但若想真正提升自己的汉方医学水平，就一定要学好中国的《易经》。因为'医易同源'，汉方医学源自中医，而中医辩证思想则是基于阴阳五行的哲学观，当年的扁鹊、医和、文挚、张仲景、孙思邈等中国中医名家，个个都精通易道……因此，我一直都在精勤地学习《易经》，但是进展很慢。"随同一起来访的中本女士的西医老师、大阪医学院井上正康教授也说："人体的奥秘是很深广的，每个人都应当不断学习。如何将科学与直感相通，如何在中医与西医之间搭建一座桥梁，这是目前最大的任务。"

中本女士说："我这次之所以随日本人生塾来访中国十翼书院，目的就是希望能够跟随米鸿宾老师深入学习中国的《易经》智慧……"

时光匆匆，相识已有数年，她不断地请中国留学生给她译解《易经》以及中医典籍中的易理内容，并在书本上作重点标注和日文注解……她对中国智慧和中医文化的渴望，全部见诸行动——其情可佩，其心可鉴，其识可赞，其行可践！

左起：井上正康，中本佳代子，米鸿宾，刘希彦

我总在想：如果，有更多人饱含这样的可贵精神，中医就一定会更加光耀四方。

各位，上场吧！

与自己赛一场如何？

人生塾在十翼书院访学期间，授课中播放的井上正康教授与中本佳代子理事长图片

（二）三光丸

我所去过的日本汉方药企，最具代表性的是三光丸、菊冈汉方与津村，他们都享誉日本。其中，三光丸最有历史感，菊冈汉方传承最古老，津村经营规模最大（津村、三共、钟纺，系日本三大汉方药企）。

"三光丸"之名，是六百八十年前日本天皇依据汉代班固《白虎通・封公侯》"天有三光日月星，地有三形高下平"所赐，寓意为：希望自己的药品能够像天上的"三光"日、月、星那样为人类带来光明。而其经方来源，则是一千年前遣唐使从中国带回，后由日本奈良兴福寺传出。作为非处方良药的三光丸，主治：食欲不振、饮食过度、肠胃不和、精神压力过大等症状。

三光丸的商标

　　三光丸药企坐落于日本奈良橿原市的一处山环水抱、藏风聚气的山麓之中，药企门口挂有"米田德七郎"的名字。远远望去，企业整体都是唐式建筑的风格，怎么看都像是一座幽雅的私宅庭园。当时适逢下雨，又遇周五工厂维修，更平添了些许静谧。在院中穿行时，中药的香味与雨后的山气和合四溢，沁人心脾，令人不时止步深吸……再加上举目远眺四面青山眼底收的情景，令我想起《黄帝内经》中"得神者昌，失神者亡"的名句。立于院中举目四望，那种一树花开处处芳的觉受，令整个人瞬间精气神倍增，十足的养神之地……神足地昌，令人叹为观止。

　　看到我们对这里如此激赏，并在园中流连踟蹰，年近六旬的统括部长中岛先生连连微笑示意我们进入见学教室。然后，他用一个半小时，饱含敬意地为我们讲述了三光丸的历史、产品、企业精神、如何融合科技工业优化生产以及精益求精的全面质量管理方法等内容。分享期间，给我印象最深的是：三光丸在制作过程中，细致的原材料萃取流程，实在是超乎想象的精细！

三光丸现有员工 100 多人，仅生产四味药。但每种药，都至少有 10 亿日元的年销售额，并且其产品只通过为家庭和公司客户常备药盒专门配送的方式进行销售。也就是说，在日本的药妆店，你根本看不到三光丸的产品！而日本许多家庭对三光丸的依赖，近乎于护身符般的

三光丸资料馆中保存的老匾

信仰，堪称"气死医生"的"国民良药"……足见日本民众对其药品的依赖与信任程度。

"表达慈悲最体面的方式，不是居高临下地同情施舍，而是不动声色地，给予其庄严生命的供养。"（《会心》）我在聆听过程中，看到一个非常感人的场景：中岛先生为了不遮挡我们坐视投影仪的视线，全程都是跪着讲课！而工作人员为了不打扰我们听课，也都是跪行倒茶、服务……他们每人胸前的铭牌上映入眼帘的都是"担当"二字。这两个字及其下面主人的名字，令人倍感庄严、无比动容！

他们对待工作的担当态度，令我瞬间就想起了唐代僧人高沙弥参见药山惟俨禅师（禅宗曹洞宗先驱）的公案。药山禅师问："你可知道人心像长安城一样热闹，熙熙攘攘的吗？"

高沙弥说："我的心中国泰民安。"

药山问："你的这种体悟是从读经得来的呢，还是从请益参学中得来的？"

高沙弥说："既不是从看经得，也不是从参学得。"

药山问："有人不看经也不参学，为什么得不到它呢？"

高沙弥说："不是他体悟不到，而是他不肯承担！"

是的，尊严从来都是自给自足的。心中有担当，脚下才会有光华，以至于身处任何时代，生命都可以获得安稳与喜乐！

世有非常之人，方有非常之事——因为细节，而涣化人心；因为历史，而凝聚尊严；因为一丸，而三光并耀……七百多年的传承史，绝非一个可以轻言的时间！

三光丸资料馆中的卡通指示牌

课后，中岛先生又带我们参观三光丸历史资料馆。馆中的展陈，令日本的汉方传承史，一目了然——从神农氏开始的中药历史记录，到徐福东渡日本，再到新罗、高句丽的中医师来日本行医，再至隋、唐、宋的日本遣使大量引进汉方药典及其实践手法，以及金元明清时期的中医派别流变，再到 150 年前明治时期和汉医学的分家与荷兰医学的融入……陈列内容主要包括：从 200 年前到 120 年前的经方记载及其说明，直至时下的纸质说明书，还有方便有趣的药铲以及众多古旧但却完好的文物、史料等等。无一不令人感受到"美好"和"震撼"！你完全能够感受得到他们历代对日本汉方史的敬畏、珍惜与自豪……再加上他们将洁静精微之心倾注到产品中的精神、中日文化的紧密联系以及三光丸对中药的敬意，都令人由衷地感叹！

专注出天禄，散淡废灵明！

三光丸资料馆中"和汉药百科"展陈区图片

在一个远离纷扰的山林绿水之间，三光丸心无旁骛地做好了自己——绵绵七百多年稽古振今的力量，让三光丸，做到了唯一，做到了老子《道德经》中所言"夫唯不争，故天下莫能与之争"的境界，这是多么浩瀚的事情啊！

人世间，无论是何善业，专注地"作之不止"，都会有惊天动地之功。

临别时，微雨中的溪水，潺潺地叫个不停，好像在奋力提醒着我们……早日各就各位，做好自己——不花时间去印证他人的优劣是非，只印证自己每一个当下的真伪杂纯。

心思若能如此清明，则何业不成呢？！

好一个三光丸，光光互耀，遍照有缘，薪火相传，继往开来……

（三）菊冈汉方

在奈良，有一条写有"谦顺"二字书法作品的小巷。当你走到小巷的尽头时，有一个唐代风格的建筑物会静静地映入你的眼帘，它就是菊冈汉方药局。这是一家创立于1184年，有着833年历史的汉方老铺。它比北京同仁堂还早了近五百年。

老铺的橱窗中陈列着多种知名的汉方药，最打眼的就是"大峰山陀罗尼助丸"——这是菊冈汉方的核心品牌。橱窗左侧立柱上摆放有"屠苏散"的介绍，下面是甘茶，右面是条"汉方药"白字黑底暖帘，暖帘右侧竖着老旧的木匾，刻着"金菊花"和"本家"字样。老铺的左边是菊冈汉方的医药神祇石龛，它高近两米，内有三段系有红布的石碑。神龛内纤尘不染，摆供的白瓷瓶中插满了红菊花，几个摆放整齐的陶瓷香炉，也让人觉得杳杳冥冥。

菊冈汉方药局的外景

现任社长是菊冈汉方的第二十七代传承人菊冈泰政，现年六十多岁，长得高大厚实，总是笑眯眯的样子，给人以淳朴、踏实、憨厚之感。他把我们引到药局里，药局不大，只有二百多平方米，迎头便会见到屋中横梁上硕大的笑脸面具，像极了社长本人。四周汉方药陈列满满，导致过道局促。每逢有人来，菊冈先生便会先诊脉，然后再开方，而他太太则负责取药。菊冈汉方的主打药是著名的陀罗尼助丸，据他说是传自中国道教，曾专门供修行人服用，可改善肠胃环境，可食可嗅，配方也可通用于牙膏和外洗剂中。当地人说，这药连感冒都治。

　　最令人意外的是：菊冈汉方的成药均在寺院药厂生产，从不在他处加工制作。

　　自古以来，能在朝美政、在乡美俗，并能让所在之处化为锦绣之地者，便是人杰！

展示家训的菊冈泰政

清代陈复正《幼幼集成》载:"盖古者卜筮、医药皆有专官,世授其业,不迁而为良。苟能专其传、精其意,通知其理而无所惑,则妇人、孺子、老幼之各得其治。"又"叹其宅心之良浓,而殚精之不辞其瘁也"。用这段话来观待菊冈汉方是十分恰宜的——从八百多年前的先祖开始,菊冈药局就安居于此地,兢兢业业,从医而终,既不扩大规模,也不开分号,更不加盟和上市。对此,我问他:"菊冈汉方为什么能够世世代代安心传承这么久?"他没有马上回答我,而是笑着转身进了后屋,不知做什么。少时,只见他双手擎了个字框走出来,示意我看。我仔细一看,字框中写有"菊冈汉方三家训"字样——原来,它的传承窍诀也是家训!

菊冈汉方的家训共有三条:①敬神崇祖之事 ②无病和合之事 ③勇创新举之事。菊冈泰政还作了进一步解释:

①敬神崇祖之事

不忘神灵的保佑,不忘祖先的庇护。

恭敬心加清净心,可生大雄之力!他还特意举例,药局正对的是小胡同的尽头,药局旁边的家族神龛,就将这路冲之势,化于无形。这就是神灵和祖先的护佑。

②无病和合之事

家族成员在保持健康和团结的同时,既要努力给患者去除疾病,更要能与他人和睦相处。

"何谓爱?感同身受是爱,心心相印是爱,砥砺激荡是爱,无心而应是爱,触处皆渠是爱,相亲相濡是爱,坦荡和睦是爱!"(《会心》)菊冈汉方的家训就是在指引族人培养这种爱意。

③勇创新举之事

每代传承人都要恪守中国医圣张仲景"勤求古训,博采众方"的精神,勇于创新,让传承不断保有新鲜的活力。

能做到以上这三点，就会有无畏之安，也更无惧社会变迁。

这简简单单的三条家训，传承了八百多年，代代恪守，代代触地而安！

"当你把生命的高度，提升到几百年乃至上千年的时候，你的所作所为，就都应该谨慎对待！而生命，也会因此而别开生面！"（《会心》）菊冈汉方每代传承人对"家训"的彻底贯彻，是其传承得以延续的精神保障，更是值得我们敬畏与学习的窍诀所在。

（四）津村

2017 年 12 月，我第一次去津村参观。

与前述匠人传承药企不同的是，它完全是现代化汉方药企，且规模极其宏大——创立于 1893 年，以科学、品质而著称的津村（TSUMURA），不仅是日本最大的汉方药上市公司（1978 年），更是世界上最大的汉方成药生产基地。其市值近 2000 亿日元，员工约有 2400人。在日本现有的 148 种汉方处方药中，津村就获批有 129 种，市场占有率高达 84%！

津村于 2008 年建成的药材博物馆，每年接待无数海内外来宾。在其开阔的现代化设计中，无障碍展示着用玻璃柱盛放的 116 种药材，可窥见药材全貌。其中，矿物、动物骨、贝壳类药材的存期都在十年以上。津村生药的采购标准和质量完全统一，其中 80% 通过在中国深圳的全资子公司，采购自中国，其产地遍布中国地道的药材产区，委托当地农户进行栽培，厂方帮种，然后按统一价格全部收购；另外的15% 生药来自日本本土，5% 来自老挝、越南等地。

在仓储方面，仓库温度控制在 15 摄氏度以下，这样可以防止虫蛀；湿度则控制在 60%，可以防止霉变。每个托盘上的生药，按不同部位分类保管，并且包装上标有产地和时间的条码，由电脑按条码定置管理。

津村的汉方药在日本销量极好，根本无余量出口，并且目前还在增加至少四条生产线。现有三条全封闭生产线，一周工作七天，三班员工轮流工作。每年产生的一万吨药物残渣，100% 回收利用——其中一半以上用作发电的生物原料，剩余的三分之一做成炭块燃料，其余则用作土壤改良剂。

值得一提的是，中国的新冠疫情出现后，日本株式会社津村社长加藤照和于 2020 年 1 月 29 日，通过中国驻日大使馆，给中国捐款 500 万日元作抗疫之用。

别记：与津村这个日本最大的中成药企业不同的是，日本还有一家最大的生药（中药药材）企业，就是总部位于大阪扇町的枥本天海堂。它曾获得日本该行业最高国家奖——"大日本国玺奖"。2020 年季夏，我和日本甲南大学胡金定教授一起去拜访了其老友、枥本天海堂的现任社长枥本和男先生。

枥本和男社长为我们作了非常详细的企业介绍："枥本天海堂创立于 1960 年，自己是第三代社长。家族三代人都对中国充满感恩之情，至今企业简介册以及由企业编撰出版的部分书籍中，依然有《毛主席语录》的照片和周恩来的相关内容，感激之意代代不忘。枥本天海堂的药材绝大部分源自中国，但我们只关注质量，不关注价格，因为吃进身体中的东西一定要保证质量。在枥本天海堂所有门店与工厂的显著位置，都供奉有被誉为中国古代中药之祖的神农氏和中国明代药王李时珍塑像，用以提醒员工永远不能忘本，也希望能得到他们的庇佑……"

在社长办公室的醒目处，挂着枥本天海堂的社是（家训）：

意诚改革，行动革新。

栃本和男解释道:"诚意具足就能够获得万物的加持。因此要在诚意的基础上,全力发挥改革创新之力。"

令人感佩!

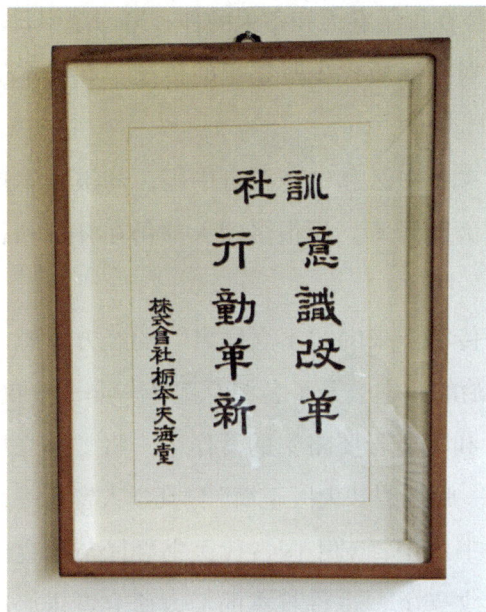

栃本天海堂社是:意诚改革,行动革新

(五)此心念念

栃本天海堂对中国古代医贤的供奉以及日本汉方药的发展,让我思考良多:

①一百多年前的北京城中,尚存有"先医庙",庙中所祀奉神位——伏羲居上,左神农,右黄帝,均南面而立;句芒、风后,东位西向;祝融、力牧,西位东向;东庑僦贷季、天师、岐伯、伯高、少师、太乙、雷公、伊尹、仓公淳于意、华佗、皇甫谧、巢元方、药

王韦慈藏、钱乙、刘宗素、李杲，皆西向；西虎鬼臾区、俞跗、少俞、桐君、马师皇、神应王扁鹊、张仲景、王叔和、抱朴子葛洪、真人孙思邈、启元子王冰、朱肱、张元素、朱彦修，皆东向。以北为上，岁以春冬仲月上甲，遣官致祭。

祭祀日通常是在每年春天和冬天的仲月第一个甲日。

目前，这个对中医历代先贤祭祀的传统，在日本被持续有序地传承着！

我也经常思考：中医和中药源自中国，却被日本这个世界发达国家奉若神明，并大放异彩，而很多国人却仍在怀疑和否定，真不知这是哪一种"余殃"所致？

②中国先贤传承下来的"不立病名"的经方思想，是以人体出现的症状反应来论治的。它丢开了名相而直趋本质——弟子刘希彦君在其关于《伤寒论》和《金匮要略》的著作中，将"不立病名"的思想阐释得清清楚楚——此之谓"大医至简"！凡学人皆可一目了然。

③在日本的书店中，对中国古代医书翻译与研究的书籍，数不胜数。虽然从语言文字上，也许日本的经方研究者未必能深入中医经典去探赜其玄妙，但他们能将"百姓日用而不知"却能"切中本质"的经方，做成汉方药，不但占有全球市场份额的90%，且还具有完整统一的技术标准。对此，我们当如何"后来居上"呢？

④肖阳老师（京都大学博士）说得好："对于日本的一切，我们都不仰视、不俯视，我们平视，要在平视中让自己更加开明和精进！"

我深以为然！

可是，我们何时能在世界上，讲起中医时，让聆听者荡气回肠呢？！

七、秋山木工

日本有一本被称作"走出低谷的必读书"——《匠人精神》，讲述如何透过磨砺心性，使人生变得丰富多彩的工作之法。该书作者秋山利辉是日本著名的传奇木匠。其传奇之处有二：一是他凭借高水平的家具工艺，让自己的企业成为行业翘楚；二是他独创的人才养成制度所培养出的匠人之多、水平之高，为世人所瞩目。截至 2017 年，已育有世界一流工匠五十余名，他们目前活跃于诸多国家。

看到这儿，有人会很好奇，秋山利辉是谁？

（一）秋山利辉

秋山利辉出生于 1943 年，他于 1971 年（27 周岁）创办了"秋山木工"，目前工匠仅有二十多人，但年销售额却高达 11 亿日元，因其所制作的家具精美和独具匠心而闻名日本，目前已成为日本木工行业的"圣殿"，也是日本皇家指定的家具特供场。从日本政府接待各国贵宾的迎宾馆，到日本各大美术馆，基本上都是他的客户群。中国、美国、新加坡、俄罗斯等国的企业，亦纷纷慕名来"取经"。

2017 年仲冬的一天，阳光很好。在位于日本横滨的秋山木工门口，秋山利辉先生带着一干年轻徒弟如约等候着我们。短暂寒暄后，秋山利辉亲自带我们参观秋山木工并作全程讲解。工厂并非预想中的宽敞明亮，但很干净，工具老式而现场简陋，从未刻意包装过，但并不妨碍诸多贵宾到这里来参观。当走完工厂之后，我们没想到竟会如此的朴实无华。这可能就是秋山利辉真性情的体现。

在秋山木工门口迎接我们的秋山利辉先生

秋山利辉家族的第一代是保护伊势神宫的大铭。此后，秋山家族一直是名门望族，但刚好到秋山利辉父亲那一代时，家道中落，以至于他小时候吃了很多苦，却成为塑造其今日之率性的源泉。迄今为止，他参加活动所穿的西服与领带十多年未变，平时都是穿工服，工服背后的三个字还很有穿透力——"木之道"。秋山利辉先生说："徒弟们每天出出进进随时看到对方后背的'木之道'，能不断提醒自己精进不懈，在这个道场里让自己成为有道的人。谁来到这里，都会发现，无论走到工厂的哪个区域，徒弟们都是训练有素，进退井然，且又极其自然；尤其是每个人那神采奕奕的状态，谁看了都会很欢喜，气象完全与众不同。"这种将教育寓于日常生活之中的成功实践，真是令人赞叹。

要知道，这个世界，不缺名山，不缺大川，不缺贪官，不缺污吏，也不缺有钱人，缺的是道场和有道的人呀！

当我们走到工具处时，秋山利辉很详尽地做了介绍。随行的徒弟还做了实操展示，然后又让我们拿起来体验，现场气氛活跃得很。等放下工具后，秋山利辉突然问我们："这些工具使用完之后会怎么处理呢？"有人说："正常扔掉。"秋山利辉摇了摇头，不置可否。大家面面相觑。见我们没有新的答案后，他便说："对于每个工具使用后的最终处理，是非常严肃的问题——一定要善待工具！这些工具完成各自使命之后，我们会把它们处理干净，用红布包好，然后送到神社、寺院等地方供奉或埋好。每个行业都有自己的敬畏方式。日本一家著名的林业公司，就专门为白蚁在高野山设立了墓碑，善待那些因伐木而死的白蚁们。"

这种行为，我们真是闻所未闻。如此诚挚的敬意，让人一下子就肃然起敬！

从工厂出来，又到了展馆，里面都是多年来秋山木工所取得的部分成绩的展陈。在看到《匠人精神》发布会的展板时，我将拙作《道在器中——传统家具与中国文化》一书赠送给秋山利辉先生。他很意外，没想到我会写有这样的著作。

（二）家训

动态参观结束后，秋山利辉又带我们来到了秋山木工的学习教室。徒弟们早已做好了所有的接待工作，细节非常温馨。

落座之后，秋山利辉用比之前更富激昂的语言，开始为我们分享他最得意的成绩——培育出的一流匠才及其独特的育人方式！

秋山利辉先让每个学徒作自我介绍。他们每个人的表达都大方镇定，礼貌得体。尤其令我吃惊的是，在时间上，每个人都是整齐划一的3分钟。介绍内容包括了祖上三代的背景、自身教育背景、自身特点、个人爱好及未来志向等，分类明晰，重点突出，毫无废话，听者无不肃然起敬！

秋山利辉手拿作者《道在器中——传统家具与中国文化》与作者合影留念

当我发现"3分钟"的共同时长后，便问秋山利辉先生原因所在。他开心地说："这是我的基本要求，每个人要学会用3分钟把自己介绍清楚！在生活中，无论做什么事情，尤其面对他人，每个人都要成为有准备的人，不能浪费别人时间。"

说完，他突然反过来问我们："为什么学徒们的眼神那么清澈？"我们一时怔住，因为没有来得及注意观察，所以大家仔细看了看这些学徒的眼睛，果然如此！非常晶莹。秋山利辉看着我们迷惑的表情，解释道："他们除了学习木匠工艺之外，什么都不想。也只有这样，才有机会超过我！"这话讲得非常有感染力，令人为之动容。

紧接着，他又说："还有更重要的'1分钟'。"说完之后，我们更觉好奇。

旋即，他让我们每人打开面前的纸张。我们展开一看，原来是秋山木工的家训——"匠人须知三十条"。

我们正在欢喜阅览中，他又让徒弟们依次上来背诵这"匠人须知三十条"：

① 进入作业场所前，必须先学会打招呼

② 学会联络、报告、协商

③ 必须是一个开朗的人

④ 必须成为不会让周围的人变焦躁的人

⑤ 必须能够正确听懂别人说的话

⑥ 必须是和蔼可亲、好相处的人

⑦ 必须成为有责任心的人

⑧ 必须是能够好好响应的人

⑨ 必须是能为人着想的人

⑩ 必须是"爱管闲事"的人

⑪ 必须是执着的人

⑫ 必须是有时间观念的人

⑬ 必须是随时准备好工具的人

⑭ 必须是很会打扫整理的人

⑮ 必须是明白自身立场的人

⑯ 必须是能够积极思考的人

⑰ 必须是懂得感恩的人

⑱ 必须是注重仪容的人

⑲ 必须是乐于助人的人

⑳ 必须是能够熟练使用工具的人

㉑ 必须是能够做好自我介绍的人

㉒ 必须是能够好好发表意见的人

㉓ 必须是勤写书信的人

㉔ 必须是乐意打扫厕所的人

㉕ 必须是吃饭速度快的人

㉖ 必须是花钱谨慎的人

㉗ 必须是善于打电话的人

㉘ 必须是能够拥有"自慢"的人

㉙ 必须是"会打算盘"的人

㉚ 必须是能够撰写简要工作报告的人

对以上三十条，徒弟们个个背得行云流水、鱼贯而成，每个人都是 1 分钟背完，无一停顿！而且在背诵时，平均每人中间只换两口气，眼神中还散发着无限的自信。我们照着纸看，都没有他们背得快！

我们由衷地长时间鼓掌……太令人赞叹了！

这究竟是怎么训练成的呢？

秋山利辉说："这三十条，看似很简单，但却都是做人最重要的基础。它们能有效地磨炼心性和品格，唤醒每个人体内的一流精神。他们每个人在开朝会的时候，人人都要清空思虑，齐声高喊这'匠人须知三十条'。通过反复朗诵，加上互相随时抽查的促进，让一流匠人的标准渗入到潜意识中，并生根发芽，成为生命的一部分。能将这三十条都熟练做到，就一定能成为一流匠人。但要达到这一步，则需要四到八年的时间；出徒后，还必须得离开秋山木工，出去'独树一帜'。这些出徒者，在每次参加的日本木工比赛中，金奖年年有份。"

秋山利辉欢喜地看着娴熟背诵家训的徒弟

秋山利辉这一席话，让我们很感慨：任何出类拔萃者，都是点点滴滴真实无伪地成长起来的！我脑海中想起了两千多年前的庄子之言："不精不诚，不能动人。"（《庄子·渔父》）

对这三十条家训，笔者略作梳理：

第一，进入作业场所前，必须先学会打招呼。

秋山利辉说："这是学徒们必须学会的第一件事，直到合格后，才能进入工场学习。虽然打招呼看起来与木工没有什么关系，但它会影响人生的未来。"

是的，作为第一印象的重要组成部分，打招呼是展示自身修养与能力的一部分，但很多人在这一点上都是短板。我深深佩服秋山利辉的远见！

第二，学会联络、报告和协商。

任何时候，都不能把个人的负面情绪带给他人，带给群体，带给社会，因为这是非常自私的表现。

第三，必须是一个开朗的人。

在这个个性化极其泛滥的时代，开朗者实在有限。一个人的开朗程度不仅会影响人与人交往的质量，也会阻碍自己很多的善缘。

第四，必须成为不会让周围的人变焦躁的人。

这一条看起来很简单，但做到却很难。秋山利辉对徒弟们作如此要求，也是对日本人从小就强调的"不给别人添麻烦"理念的进一步强化。并且，它既能提升自己与社会和谐相处的能力，同时也起到了净化社会的作用。

第五，必须能够正确听懂别人说的话。

作为一个匠人，有出色的理解能力是很重要的！

第六，必须是和蔼可亲、好相处的人。

一个好相处的匠人，能得到社会更多的互动和了解。

……

第十，必须是"爱管闲事"的人。

这里的爱管闲事是指要能成为有协作能力的人，要能在力所能及的范围内，帮助别人，弥补他人短板，完善团队的力量。

……

第十五，必须是明白自身立场的人。

一定要知道自己是谁，在哪里，应该干什么，怎么干，这是对各就各位能力的固化。

第十六，必须是能够积极思考的人。

能积极思考，才能不断进步，才能有创新力。

第十七，必须是懂得感恩的人。

讲到感恩，秋山利辉兴奋地拿出自己族谱给我们看——数十代的大传承谱系，场景十分震撼！秋山利辉还让我们找他的名字在哪里，我们在倒数第三列的位置上看到了"利辉"二字，他开心地笑了！接着说道："没有族谱，没有宗祠，我们不知道祖上是否有丰功伟绩的先人，不知道宗族的过往和现今，不知道自己在家族延续中所应肩负的责任和意义，更不知道有什么样的传承需要我们来坚守……这一切，都是因为我们不懂感恩和敬奉所致！"

古语说："一分恭敬，一分利益。"没有感恩与敬畏，天不赋慧啊！时下很多人不仅心中无根，生活也落在失去了根的地方！

第十八，必须是注重仪容的人。

"爱出者爱返，福往者福来。"（汉代贾谊《新书》）尊重别人，就是尊重自己。蓬头垢面，绝不会有什么好运气。

……

第二十一，必须是能够做好自我介绍的人。

对此我们已经深有体会了——做好自我介绍，给他人留下深刻印象是非常重要的！这也是在为自己培养创造机遇的本事。

第二十二，必须是能够好好发表意见的人。

能好好发表意见，就是尊重别人，也不浪费大家的时间，而且在思考的过程中，还能提升自己的见解力。

第二十三，必须是勤写书信的人。

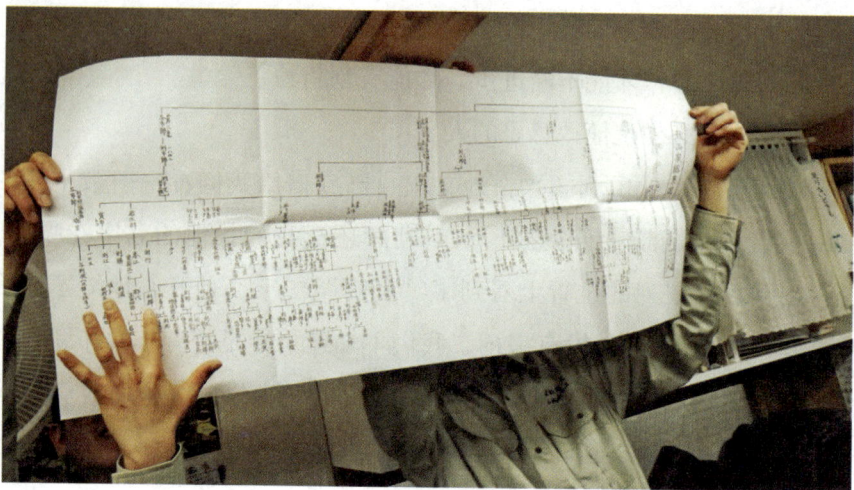
秋山利辉的家谱

在秋山木工这里，为了减少分心和杂念，平时不允许徒弟们使用电话，每周只允许跟家里通话一次。他们的重点在于学会写信、写日记，并且每天的日记写好之后，还要呈给秋山利辉阅签。秋山利辉除了签名外，有的日记还附有批语，即便是出差了，回来之后都要逐篇补上。然后，徒弟们每个月要将这些日记和信件寄回家里给家长，让他们了解自己的状况。而家长也给他们在日记上签名并回信，再邮寄回来。学徒期间，无一间断。实在令人感动！

徒弟们现场展示了自己的日记，其中包含图案、总结、心得、反省、计划等内容，每个人都是厚厚的一大摞。平均每个人两年写有33本日记，每一本都寄回给父母作批语。他们的祖辈们都感动得不得了！因为他们那一代人从小经历的就是写信件的年代，当他们看到子孙辈的信件时，特别感动！也有人问："用手机发信息不是更方便吗？"秋山利辉说："手机发的信息很生硬，不能传递亲手书写文字所带来的温暖。"

亲情之间，最缺少的就是温暖啊！有了温暖，就会和睦，就会融洽，就会孝顺，就会欣欣向荣……秋山利辉这"齐家"的功夫，真是潜移默化，润物无声啊！

第二十四，必须是乐意打扫厕所的人。

能吃苦者，才会能屈能伸，才会有更好的未来。当年，太宰问子贡："孔子恐怕是位圣人吧？否则他怎么会这么多的才艺呢？"子贡答道："是上天让孔子成为圣人的，所以才让他多才多艺。"而孔子听到这句话后，却说："太宰怎么会了解我呢？我小时候家里贫穷，所以就学会了做很多人不愿做的事情。再说了，真正的君子会觉得自己的技艺很多吗？不会的呀。"（《论语·子罕》）这就是古人强调的"技多不压身"。

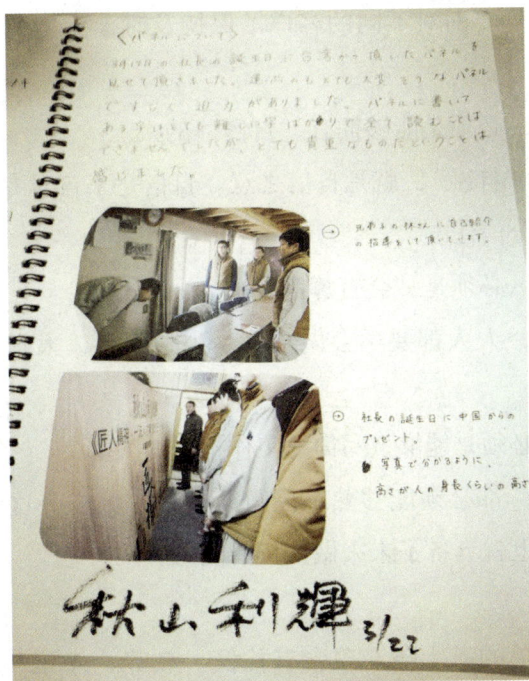

秋山利辉先生阅签的徒弟日记

在生活中，秋山利辉把这些平均年龄不到二十岁的徒弟们分为两组，每月轮换一次。一组负责做一日三餐，没有厨师，人人都要学会做饭；一组负责打扫卫生，包括打扫厕所。几年下来，每个徒弟都成了生活中的勤劳者，都具有了勤勉持家的本事。

第二十五，必须是吃饭速度快的人。

这句话强调的是吃饭要专注，不要浪费时间。

中国早有"食不言，寝不语"的古训。吃饭专注，不仅利于消化，而且比那些边吃边聊天的人，节省了很多时间。

第二十六，必须是花钱谨慎的人。

节约本身就是美德，也是惜福的能力。在秋山木工这里，任何东西都不允许浪费；尤其是使用木材，必须先计算好用途和尺寸。

第二十七，必须是善于打电话的人。

作为匠人，要面对不同的客户，保持及时、有效的沟通是匠人最基本的素养。

第二十八，必须是能够拥有"自慢"的人。

日语中的"自慢"，就是自信之意。自信是来自对专业能力的精通和对自我的充分信任。

第二十九，必须是"会打算盘"的人。

作为匠人，人人都要学会做预算，小到用料，大到年度预算，要全流程精通。

第三十，必须是能够撰写简要工作报告的人。

每个匠人，都必须能够熟练撰写简要工作报告，这就会拥有统筹和归纳能力，也就具备了未来做社长的能力。

……

这简简单单的三十条，蕴含有礼仪、教养、孝道、尊敬、关怀、谦虚、统筹等做人的基本道理，看似简单，但都是人生最重要的基础！

如能精勤不懈地贯彻四年，人人就都能成为栋梁之材了！也正因如此，秋山利辉所创的"匠人须知三十条"及其所培育出的一流匠人，被社会各大行业职人钦佩和学习。

震撼之余，我更好奇：这些徒弟，当初都是怎么遴选的呢？

（三）择徒标准

秋山利辉说："我们遴选匠人的标准是'以孝育人'，具体的要求有三个：懂孝道、阳光、傻一点儿。"

第一，懂孝道

秋山利辉说："不孝顺的人，我一个都不收。你想想，一个人如果不孝顺，小而言之，他怎会对客户好？大而言之，他怎会对国家好？每当有人推荐或自荐来秋山木工这里当学徒，我做的最重要的事，就是去他家里看一看，有时还会在他家中睡上一宿，观察其孝顺程度。因为，当孝悌之心一旦开启后，则人人皆可成才！并且，你把孝顺之事做好了，精神上就不会有雾霾，人自然就会做到内心与涉事都干净。"

我曾问过日本百年企业的研究专家、人间力大学校学长天明茂老先生："您几十年来，对近代200多家日本知名企业倒闭原因作了专注的研究，令您印象最深刻的结论是什么？"他答道："我花了四十多年进行研究，发现90%以上百年企业、知名企业之所以倒闭，其共性就是：社长（传承人）不孝顺！这叫不孝之殃。"闻听此言，我是既震惊，又意外，从未想到会有这个答案。

从此，我对孝顺的理解，有了更多元、更深刻的认知！所以，当秋山利辉强调收徒的前提是"必须孝顺"时，我由衷地赞佩！

第二，阳光

秋山利辉说："心里装满阳光的人，才能温暖别人。"

所谓的付出、帮助、支持等，前提都是在你有这些能力的前提下才能付诸实施，否则就是一句空话。

第三，傻一点儿

秋山利辉说："傻一点儿，才更听话。我说向右，他就向右，做事情不走捷径，更容易专精。必须具备以上三点，才能成为我的徒弟。"

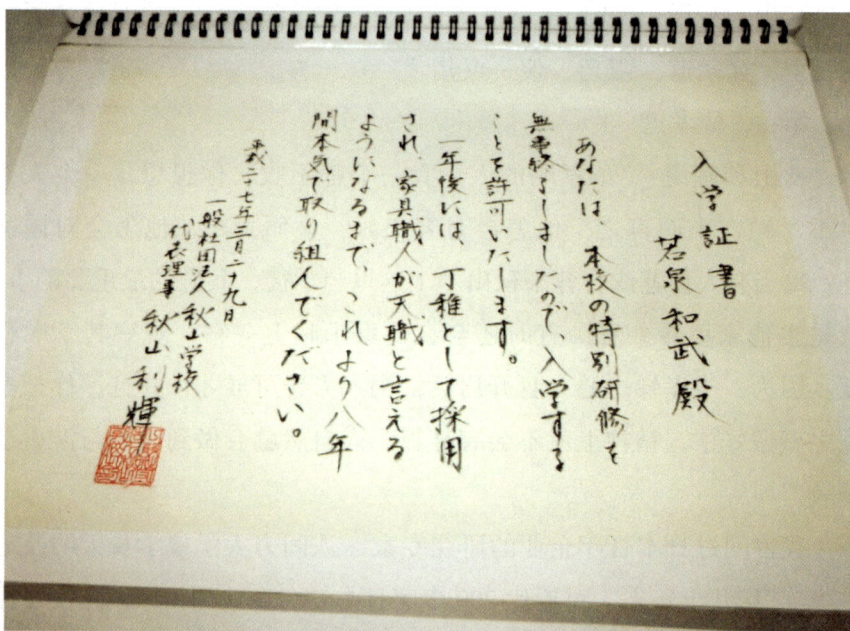

秋山利辉的学徒录取证书

秋山利辉接着说："日本每年的3月底是毕业季，也是就业和招工的集中时期，当然也是秋山木工新学徒入社的时节。每到此时，应聘者人数都远超规定数目的数十倍，来应招的大学毕业生也屡见不鲜。但我遴选徒弟却与学历无关。说起来，你们可能会不理解，我选择徒弟的标准，原则上是不要大学生的。为什么呢？我认为，没有读过大学的人，脑子会更纯净一些。"

我是第一次听到这种另类的观点，很惊讶。秋山利辉说："所谓的纯净，就是傻一点儿，痴一点儿，呆一点儿。"这话让我想起了清代《聊斋志异》作者蒲松龄之语："性痴，则其志凝；故书痴者文必工，艺痴者技必良……世之落拓而无成者，皆自谓不痴者也。"蒲松龄所述"痴"的精妙，不就是秋山利辉所强调的一流匠人的专注和凝神的境界吗？

秋山利辉接着说："除此之外，徒弟们还要严格执行我的 10 条规则：

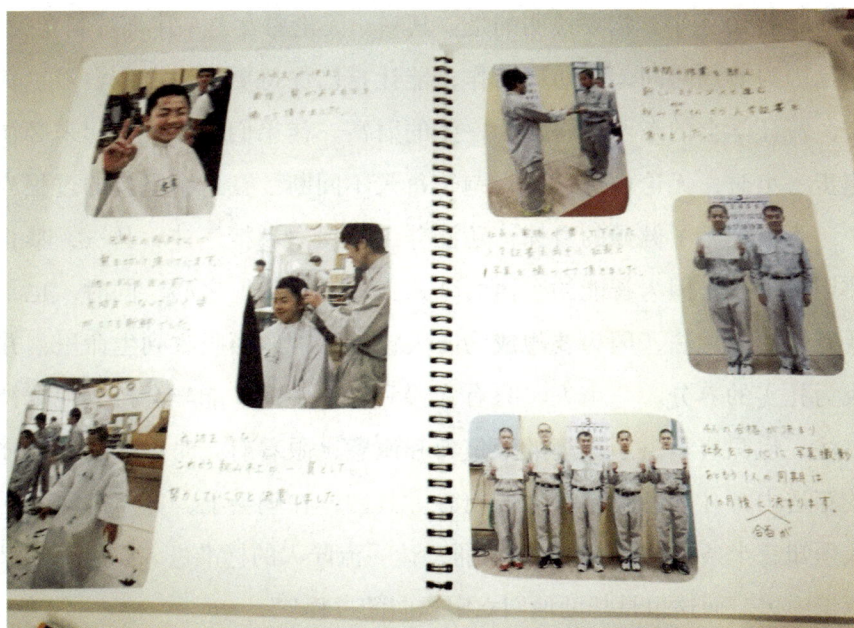

徒弟的笔记中载有剃头的记忆

① 不能正确、完整地进行自我介绍者，不许继续学习；
② 被秋山木工学校录取的学徒，无论男女，一律留光头；

③ 禁止使用手机，只许书信联系；

④ 在学习期间，每年只有八月的盂兰盆节和正月假期才能见家人；

⑤ 禁止接受父母汇寄的生活费和零用钱；

⑥ 学徒期间，禁止谈恋爱；

⑦ 早晨从长跑开始；

⑧ 大家一起做饭，禁止挑食；

⑨ 工作之前先扫除；

⑩ 在朝会上齐声高喊'匠人须知三十条'。

以上 10 条中，需要说明的是：其一，无论男女，一律都得剃光头。这是因为节约时间，不妨碍工作，能让自己保持更专注之心学习。其二，流汗学会的东西，将成为一生的财富。徒弟们每天早上起来必须跑步一小时，无论雨雪，都得跑，每天不间断，在这个坚持的过程当中，不仅拥有了健硕的身体，还涵养出了毅力和精气神。其三，禁止使用手机，是因为智能的东西会令人丧失'察几'之心。同时，也不要有快捷的想法，因为要想成为匠人，就要把东西吸收到生命里，并成为扎实的养分。一个人，只有在慢和稳之中，才能学会持久地全神贯注，也只有具备了极高的聚焦力和诚意，眼看对方时，才会有极强的穿透力，才能感受到别人的内心。其四，在朝会上，齐声高喊'匠人须知三十条'，是透过反复朗诵，让一流匠人的标准进入到生命的潜意识中去。而这也是帮助他们立定志向的过程！"

有人说，这简直就跟坐牢一样，也因此有人忍受不了而离开。但秋山利辉却说："既然要成为一流，就要与平庸之辈有鲜明的差异。"

"艺之至，未始不与精神通。"（南宋姜夔《续书谱》）

（四）挨骂

秋山利辉喜欢与人分享他当学徒时的难忘经历："我16岁时，跟大阪的一位木匠学艺，他给我留下的印象很不好——学徒们不仅时常挨他的打骂，还要遭受他各种苛刻与压榨，我们每个人都是他赚钱的工具……以至于，大家心里对他很抵触。在他去世时，去参加他葬礼的学徒寥寥无几。这个难以磨灭的经历，让我下定决心：一定不能成为像他那样利欲熏心、误人子弟的人！

但这个不开心的经历，也让我有了特殊的体会，那就是：我要求每个徒弟都要学会挨骂。我认为，人生最好在年轻时就承受挨骂。如果可以的话，最好在20岁之前！要知道，人生越早被骂、被批评，工作进度就越超前，这样就会比其他人先遇到问题，成长也就更快。还有，与其看着别人被骂，不如自己被骂。因为，如果自己什么都不做的话是不会被骂的。此外，被人格魅力高的人骂，被尊敬的人骂，会更有效果！这种被骂，最锻炼心力。但需要清楚的是：千万不要总是因为同样的事情被骂。因为没人有那么多时间理你。最好是因为质量高的问题而被骂、被批评，这样会让你精进更快。尤其还要明白：骂人也是要付出代价的——因为骂人者至少需要比被骂者拥有十倍的勇气才行。因而，对那些骂你的人要深深感恩！"

这一席话，令我耳目一新。

秋山利辉别开生面的"挨骂"理念，不仅言简意赅，还饱含涤荡之功。想必"挨骂"的裨益不少人在生活中也受到过。不过，古往今来，师父对徒弟们的打磨方式也是多姿多彩的。除了"挨骂"外，还有一个"挨恐"的趣例：唐代长沙景岑禅师号"岑大虫"，就是形容他像老虎一样。那是说他长得像老虎吗？不是。是因为有很多人慕名前去拜师，他就先安顿他们住下，待过些时日，这些人在山林间散步或走路时，他就会不经意间从旁边跳出来，并大喝一声。但凡没有被吓到的，就留下做徒弟。宋代释道原《景德传灯录·招贤大师》载有他的名偈："百尺竿头不动人，虽然得入未为真。百尺竿头须进步，十方世界是全身。"

秋山利辉在分享"挨骂"的益处

他说："一个人做事，就像爬树干一样，爬到顶上的时候，我不羡慕你；你虽然爬到这个顶端了，但是你还没有达到全然纯真的状态。

当你与十方世界都打成一片的时候，就会与物浑然一体。你所见到的一切，就都能够给你体悟和启发。"这个高妙的境界，与《管子·心术下》所说的"专于意，一于心，耳目端，知远之证（近）"有异曲同工之妙。当人心对任何外来的风暴都能坦然静待的话，才能够做到"血气既静，一意抟心，耳目不淫，虽远若近"（《管子·内业》），方能"制窍"观则，否则便会出现"摇者不定，趣者不静"，无以观其则的局面。

对于秋山利辉倡导的"挨骂"价值，以下故事亦可做交错启迪：

春秋时期的楚国，都城中有一手艺非常精湛的铁匠，凡所造之器，皆供不应求。铁匠希望儿子快些出徒，便将经验毫无保留和盘托出，并手把手地传授，二人联合打造出来的器物也非常完美。数年后，儿子已成年，老铁匠满怀信心地帮儿子在都城里开了一家铁匠铺，独自创业。未承想，生意非但未能兴隆，反因产品瑕疵明显而受到客户诸多指责，最后竟因经营不善而倒闭了！

铁匠对此非常不解，他认真教，儿子刻苦学，怎会落到如此境地呢？不久，适逢孔子来楚，铁匠便找圣人解惑。孔子问他："你可是手把手地教他打铁？"铁匠点头。"在你的指点下，他是不是一次都没有出错？"孔子又问，铁匠又点头。孔子笑道："你一点出错的机会都没有留给他，他怎能学精呢？想要精通一门技术，不仅需要好的经验，更需要错的教训呀！"孔子一语中的！铁匠听了十分惭愧——原来是自己心太急、私心太重，而导致了适得其反。自古以来，爱子之心人皆有之，然溺爱子女如同鸟儿珍爱羽毛，不使它受一点点损伤，但没想到，最终失去的却是不能凌空飞翔的翅膀。

德国作家歌德说："人们往往把真理和错误混在一起去教人，而坚持的却是错误。"这个铁匠不就是这样的人吗？

（五）守、破、离

秋山木工的门口挂有一个木牌，上面写着"守、破、离"。

我问秋山利辉："这是这么意思？"

他说："在秋山木工学校，学员第一年上预科，之后四年学做徒，之后三年学带徒，八年后自立。这是我培养徒弟的'八年育人制度'。而'守、破、离'三个字是贯穿其中的。其中，'守'，就是模仿师父的过程。我教什么你就学什么，不要想别的；而且我说的事情要全部回答'是，我明白了'，忠实地吸收我所传授的内容。'破'，就是在熟练掌握基础之后，开始提升创新能力。'离'，就是出徒之后要出去独立创业。其中，'守'需要用四年时间来完成；'破'要在第四年到第六年期间完成；'离'，在第六年到第八年期间，必须离开秋山木工——强制退社。在这八年时间里，他们获得了成为一流木匠所必备的素养——扎实的基础思想准备，坚韧的生活态度固化，通透娴熟的涉事训练，了然于胸的方法技术……还有，要坚持用中国古老的榫卯结构，绝不使用钉子。因为心性决定技术的高低，有一流的心性才会有一流的技术。那什么是心性呢？就是你的生命要比别人拥有更多无私与敬畏的力量。时间是检验成功的唯一标准。截至目前，每届的日本木工技能大赛，我的徒弟都会获奖，并且收获最多的就是金牌。"说到这儿，秋山利辉的脸上露出了可掬的笑容，眼神中也泛出自信的神光。

我又问他："您不怕离开的徒弟会成为您的竞争对手吗？"

对此，秋山利辉很自信地笑着说："花八年时间将徒弟辛苦培养成一流匠人，最后还强迫他们都离开，确实有很多人对此不理解，甚至还有人说我很傻——好不容易培养出来的人才，就这么放走了。但我却不这么认为。徒弟们在'守、破、离'修业完毕之后，凭借品质和口碑，走向社会独立创业，人人都成为社长，生命从此熠熠生辉。这本来就是我的初衷，更是我的希望。还有，我一直强调：一流的匠人，人品比技术更重要！他们都具有优秀的人品。一旦我有需要时，他们每个人都会随叫随到。再者，我的目标是培养十个超过我的人！如果他们都不出去独立锻炼，怎么会超过我呢？"

秋山利辉这个观点我非常赞同。唐代画家张璪说："外师造化，中得心源。"清代林纾说："守法度，有高出法度外之眼光；循法度，有超出法度外之道力。"也就是说，从师之道，在于先师其迹，再师其心，及至锤炼有年，师心而不蹈迹，方能终师造化，以至于见过于师，出类拔萃……而这，才是徒弟对恩师最珍贵、最庄严的报答！

共进晚餐之后，秋山利辉请我们到家中茶叙。

茶叙时，他反复强调："人要跟自己动真格，每天都不能松懈，要以非常快的速度，超越自己！每天都要以超过每个人的满意为目标！每天都要追求101%的努力！每天都要用自己的生命去感动别人的生命！每天都要做震撼人心的工作！只有流汗学会的东西，才能成为人一生的财富！"

良匠之言，句句铭心——谁见金银传万代，千古只贵一片情！

临别时，秋山利辉与我们热情握手并大声告别："我一直认为自己这一生是来帮助别人建立自信、实现使命的。我们的文化来自中国，让我们一起努力！"话语中充满着自信与豪迈，声闻久震……车渐行渐远，但心情久久不能平静。

催人奋进啊！

（六）造物先育人

人有能载之德，才能担负盛名、巨富、长寿、高官与厚禄……这就是《易经》所言"厚德载物"的道理。汉代黄石公《素书·安礼》

载："地薄者大物不产，水浅者大物不游，树秃者大禽不栖，林疏者大兽不居。"这句话从多元角度解释了"厚德载物"的重要性。

"道在器中"、"造物先育人"以及"斧斤之属，皆躬自操之。虽巧匠，不能过焉"（文秉《先拨志始》），在秋山利辉将徒弟培育成一流匠人的过程中，这些中国古语全部得到了践证——他运用自己的匠人培育法门，将日渐式微的学徒制，透过师徒传习的集体生活教育模式，夯实修养、磨炼提升心性，在其得到固化后，再以心性来成就技术的巅峰！

众所周知：冰冻三尺，非一日之寒。

秋山利辉对一流匠人的成功培养，也是离不开特定的社会基础的——日本的青少年教育，从幼儿园时期开始，直到高中，学校均设有"教养课程"。学生必须学习以"独立、责任、磨砺、尊重"为核心的各类教养。比如，每年3月25日到4月6日，是日本学校的春假，这其间没有任何家庭作业，也不必参加学校组织的任何活动。但放春假之前，小学低年级学生会带回一份"努力度自我确认表"，共涉及14个项目：

① 能够做到早睡早起吗？

② 一日三餐都能好好吃饭吗？

③ 不挑食，什么都吃，做到了吗？

④ 能否做到总是保持正确的姿势？

⑤ 能够开朗、大方地大声问候他人吗？

⑥ 有没有受过什么大伤？

⑦ 饭后能做到好好刷牙吗？

⑧ 认真洗手、漱口了吗？

⑨ 在户外有没有做到精神倍棒的玩耍？

⑩ 有没有忘记随身携带手绢和纸巾？

⑪ 借的东西都好好地归还了吗？

⑫ 小朋友之间是很友好地在一起玩耍吗？

⑬ 有没有说过小伙伴的坏话？

⑭ 集体活动时有没有脱离小伙伴们？

简简单单的 14 条"努力度自我确认表"，日本的青少年从幼小年纪开始，就在潜意识中培养了担当意识，牢固了基础修养。要知道：这些比能力重要多了！在这种意识体系中，他们有着这样一个共识：作为人，即使没有学问，也要有正确的道德观！

在一些日本的大学中，还有"教养学部"。比如享誉世界的东京大学即设有"教养学部"（教养系），凡入学学生必须在教养学部读两年，系统学习教养知识。这种教育机制将个人对社会的贡献与责任贯穿始终，为一流匠人的培养奠定了不可磨灭的价值基础。真是"冰冻三尺，非一日之寒"。

此外，笔者在对日本江户时代寺子屋的研究中也发现：寺子屋对寺子们的自身学养、道德伦理、行为准则、职业素养的综合培养，造就了日本后来的职人观念，而这种观念就是产生日本匠人的温床，并影响至今。我曾在日本大阪的公共场合随机问过几名中学生："未来职业规划是什么？"他们大多明确表示："早在中学时代就已经确定未来的职业规划了——愿意接受职业教育，不想上大学。"还强调："社会上最稀缺的是能力而不是学历。"小小年纪，竟讲出如此富有哲理的话。也许有人观点不同，但见仁见智，聊作津筏。

纵观秋山利辉对徒弟们的培养——通过持之以恒地实践"匠人须知三十条"，不断地将一流匠人精神的品质渗入生命，成为成功的源泉，以至于来日能匹配繁华，更可壁立千仞。这不就是《孟子·滕文公上》所言的"有恒产者有恒心"吗？

"人生，不要想着你有钱，要想着你值钱！要能走到哪儿都有饭吃，才是真正的铁饭碗！"（《会心》）秋山利辉所培育出的一流匠人，就是这样的境界。

《会心》载：

"有道，才能够更好地报国！"

"人生，不要想着用情绪去示威，而是要用庄严的生命去摄受。"

秋山利辉先生不仅做到了，而且还成了时代的典范！

（七）君子千里同风

中国有句古话："君子千里同风。"君子之间，即便是远隔千里万里，也风范相同、节操一致。这就如同日本明治维新时期的思想家佐久间象山，在读到魏源《海国图志》一书后的赞叹一样："呜呼！予与魏，各生异域，不相识姓名，感时著言，同在是岁，而其所见亦有暗合者，一何奇也，真可谓海外同志矣！"哎哟，我跟魏源，各自生长的地域完全不同，互相也不认识，都是感喟时代而有所共鸣写下著作，并且同在一个年代，观念也暗自相合，这是多么神奇啊！他真是海外与我有相同志向的人啊！

世界上，"千里同风"者，大有人在！

日本木工行业的教父级人物秋山利辉的传承理念与实践方法，及其获得的卓越荣誉，为人们带来了无限激励。同样，在中国，也有令人感佩的同业翘楚值得激赏，他们是：以中国楠书房（金丝楠木家具）创始人马达东和年年红（红木家具）企业创始人金樟溪为代表的中国家具业的栋梁。

其中，1973 年出生的马达东先生，在而立之年于机缘巧合之中带领家族在江西抚州地区救活了数万棵（以香樟为主）大树，其中树龄在 2000 年以上的古树就有 4000 多棵，成为中国移树史上的奇迹。令人没想到的是，这个壮举感动了安缦酒店的创始人，也正因如此，才有了后续以古树和古宅而闻名天下的上海养云安缦等系列酒店品牌。或许是因为此举感动了上苍吧！正如《尚书》所云："皇天无亲，惟德是辅。"在保护和移栽古树的过程中，上天福赐他"楠书房"品牌——一个以中华书房文化为主、打动哈佛商学院的成功民族品牌案例。

同时，"楠书房"也让耶鲁大学、康奈尔大学等世界名校，知道了中国有一位令人尊敬的马达东……

与马达东先生不同的是，金樟溪先生的经历却与秋山利辉颇有些相似之处。

1965 年出生的金樟溪先生，自小就与树木结下了深厚的缘分，其名字的缘起与他老家门前小溪旁的那棵近千年的古樟树有关。这棵四季常青的伟岸樟树，昂扬地护佑了当地一代又一代的百姓，以至于很多百姓在自己的孩子懂事时，就让他们把大樟树认作"娘"，以祈求护佑孩子们诸务迎祥、平安成长。因当地曾有贤者说："门内金氏子，门外樟溪香。他日功成时，金族更风光。"于是，父母便给他起名为"金樟溪"，祈望他像樟树和溪水的自然交融一样，水木相生，显达有功，高拔有力，福泽民生。

金樟溪在义乌市江湾镇下金村，爷爷造的木结构老房子里一住就是 25 年，这使他对木质结构的工艺，从小就有了深刻印象。于是，他在 24 岁那年（1989 年）毅然创立了浙江"年年红"红木家具品牌，至今享誉海内外。值得一提的是，虽然他所从事的是木材加工的家具制造业，但由于其名字与大树有关，因而金樟溪常常说："年年红的发展离不开树，每棵树都和人类一样，是大自然的生灵，是它们的无声奉献，用自己的身躯，装扮了我们的美好生活，所以我们要学会感恩和忏悔。"于是，他的"年年红"企业每用掉一棵树，就要植十棵树来回馈自然——"年年植树，年年播种，年年披新绿"，以至于金樟溪竟有了"树痴"的雅号。

金樟溪亲自指挥移栽大树

金樟溪对树木的报恩，是源于其对孝道的践行。

金樟溪常说："对于任何一个家族、企业与组织，都是'无后为大'。"对此，他思考多年：如何传承，传承什么？

最后，他将思考出的答案归结为"孝道"与"育人"。

1. 孝为天下先

金樟溪与秋山利辉先生并不相识，但"君子千里同风"，二人均极为重视孝道，且都是将其作为核心要素贯穿于管理之中的。

金樟溪的成长深受其母影响，而她的孝顺也是出了名的。夫人陈金香说："在我婆婆身上，做人的品格与胸怀，有让人学不完的东西。如今，婆婆已经80多岁，却依然坚持每天劳作，自力更生，胸襟开朗……"

金樟溪在年年红企业内部将孝道文化全力推广。"养父母之身，养父母之心，养父母之志。能够做到这'三养'的人，方为孝。只有孝敬父母者，才会有感恩之心。播种孝，就是播种感恩、播种企业的和谐。"他说。

在具体践行中，他不断聘请学者为员工讲授《孝经》等中华传统文化精髓，定期举办孝文化家庭建设，让"孝道"深深扎根于团队成员心中，成为企业内在和谐成长的源泉。不仅如此，他还将孝文化深入落实在其倾力打造的中国特色小镇——浙江龙游龙天红木小镇的文化园中。园中最醒目的建筑是太母殿——大殿中，立于中华女娲娘娘下方、祥云之上的便是著名的周朝三母：太姜、太妊和太姒。周朝能够开启中华礼乐文明而光耀天下，与这三位伟大的母亲密不可分。因太姜、太妊、太姒的道德教化深深影响了中华文明，后世便以"太太"二字作为对贤淑女性的尊称，亦有了"太母"之谓。

太母殿的旁边是感恩门——感恩自然的无私馈赠和一切不可磨灭的因缘，提醒世人铭记"感恩之心离财富最近"的大道至简之理。

太母殿的后面是育恩堂——是培育恩情，倡导身教、言教、境教的场所，以传世的"孟母三迁"典故为核心蓝本。在育恩堂门侧有楹联："班妻定从革千材方正，班母立绳墨万德始平。"其中的班妻与班母，分别是鲁班的妻子与母亲。后人为了纪念她们的发明创造，将固定墨线的小钩子称作"班母"，将固定木材的木橛卡口称作"班妻"，以此来提醒人们不要忘恩，要践行"以孝传家、荫及后人"的理念。

在育恩堂之后，还有志诚楼与紫檀宫。其中，紫檀宫中有两间殿：一个是奉祀三百六十行祖师的祖师殿，殿中供奉有三百六十行的祖师爷。金樟溪先生将从小就熟悉的庖丁解牛、卖油翁等饱具匠人精神的故事，化为动力，以此来展现"行行出状元"的人生指引。而位于祖师殿楼上的三圣殿中，奉祀的则是鲁班、老子和孔子。金樟溪以鲁班代表学有所长的工匠技巧，以老子代表道法自然的智慧，以孔子代表入世的践履精神。以此来指引世人：若能三者具足，则人生功业可建！

小镇中还有很多充满内涵的建筑和造像……绵延的震撼，只有身临其境才能感受得到。时人誉之："龙天护佑，层层善境透大千；怡情宏旨，盈盈会心在此间。"足见其魅力所在。

古语言：小胜在智，大胜在德，常胜在睦！上敬下和才是生命的长安之道。

低调的金樟溪就是这样于点点滴滴之间，以物表法，烁古承今，行无言之教而泽人慧命的。

而这也是他"粒米化大千"的光芒所在。

2. 人财共育

金樟溪早在90年代创业初期，就具有"造物先育人"的远见卓识，坚持人才强企的发展战略，不遗余力地践行"师带徒"的传承制度——指定经验最丰富的老工匠编制家具制作全流程的《作业指导书》（每年都更新与完善），师徒均按《作业指导书》的要求进行教与学（出徒至少要三年之功）。在充分发挥老匠人的"传、帮、带"作用的同时，伴随着定期的考核与奖励制度，年年红内部形成了师徒之间"比、学、赶、帮、超"的优良传统，培育出大量德艺双馨的人才，进而为年年红的高质量发展提供了满怀感恩和孝心的独特人才保障。

笔者于2020年率十翼书院门生见学龙天红木小镇，即便已时隔四年，再次见到憨憨的金樟溪先生时，依然感动于他那不忘初心、矢志如一、吃亏是福的韧劲儿！

而这个美质，从他的公司运营理念中更可一览无遗——

① 工艺要好

② 不谋暴利

③ 杜绝假货

④ 通过让顾客参与设计的办法，使顾客将"年年红"家具当成自己的作品

⑤ 将广告、房租等支出做到最大限度的俭省，让利给顾客

⑥ 为确保货真价实，让顾客白胚看货，现场定货

以上每一条，都被年年红当作家训来贯彻，这让产品葆有不竭的情义和昂扬的市场活力，也更令自己有了"憨商"的美誉！

古语说"好人必有好报"，金樟溪作为表里如一的好人典范，在他带领下的"年年红"持续屹立于中国红木家具企业之巅，并享誉海内外。1998 年 7 月，泰国前副总理披猜在曼谷破例会见了这位名不见经传的 37 岁中国农民。他的创业史令这位友邻的国家领导人闻之甚伟，破例将其介绍给了泰国木材大王郑俊毅，拓宽了"年年红"的国际交流与合作渠道。

这便是"得道者多助"！

经常有人问我：您对日本的秋山木工和中国年年红与楠书房都有所了解，那如何评价它们之间的高下呢？

这个问题问得好！

在我看来：首先，在三位木工企业创始人身上，人们都能感受到他们所展现出来的尘世生命所稀缺的庄严与敬畏、崇高与力量。其次，由于文化理念践行的差异，他们各领风骚，无法用量化的标准来评价。若单就技术实践而言，中国的年年红与楠书房则更为精良。

为什么呢?

是因为,除了内在的恒心与恒力,技术土壤的深厚程度亦对企业发展的高度起到了决定性作用!

此外,他们三位时贤,让我深深体悟到:真谛在行间,不在唇间!

古语说:美成在久,美美与共。他们的事迹,也让我忆起唐代孙思邈的箴言,"人有'五畏',心思才会清明",它们是"畏道,畏天,畏物,畏人,畏己"。

人世间,但有无畏之安,生命便是艳阳天!

日本江户时代山本常朝的《叶隐闻书》中有句名言:"不生完美之念,不起自大之心,更无卑下之想,只是行进在道上,以终其一生。"用这句话,来形容他们三人的境界,十分恰宜。

第二章　家训——日本企业长寿窍诀

匹夫而为百世师，一言而为天下法。

——苏东坡

第一节　家训文化及其价值

从上一章的案例中，我们可以发现这些匠人企业的共性——每个都有其精神传承，都对家训有着忠实不渝地贯彻。而纵观他们的家训，不仅有先祖对子孙立身处世、持家治业的教诲，更有令其家族充满生机的代代相传的"非物质文化遗产"。

值得我们深刻领会。

一、中国家训文化鸟瞰

自古创立家训者，多为常人（古代亦称"匹夫"），但他们所立家训却往往能流芳百世。宋代苏轼说："匹夫而为百世师，一言而为天下法。是皆有以参天地之化，关盛衰之运，其生也有自来，其逝也有所为。"用这句话来形容家训的作用，实不为过。

家训作为中国传统文化中最具特色的文化遗产之一，历史相当悠久。学界公认最早的家训，是《史记》所载周公旦给长子的《诫伯禽书》。家训的核心价值不仅是蒙学教育的基石，更是先辈们留给后人安身立命、修齐治平、持家治业的智慧结晶。其中所蕴含的世界观、人生观、价值观，体现了中华民族最基本的文化基因与精气神。

古代家训多与经典有关，例如唐代狄仁杰《家范》开篇便以《周易·家人》《诗经·思齐》《大学》《孝经》中的内容为序言。《周易·家人》曰："正家而天下定矣！"只有先确立家内秩序，才能建立外在政治秩序和社会秩序。这个秩序包含：天文、地理，人文之则，治家之要，处世之道，治学为官之径，养心修身之神，品节风度之韵，为文制艺之技等。

家训在传承中，逐渐由针对人、事之教诫，扩展至整个家族和社会，乃至成为人类文明共同的精神公约——家训作为生命的砥砺之言、精神的聚焦之点，成为生命重要的投影源。

数千年来，无数人在其中得窥历代精神之芬芳——温情、感恩、包容、铭心、震悟，缕缕浩然之气……无数后人都是在这些精神气息中，得以熏习长大。其丹心韬意，于同声相应、同气相求之中并蒂方寸，在生生不息中出类拔萃，引领人们一路凯歌……

家训包含有家规、家仪、家约、宗训、宗约、族约、遗诫、祠规、祖训、训辞、世训等，始于先秦，成型于两汉。两汉时期的家训形式，以书信教子最为普遍。如：孔臧的《与子琳书》、刘向的《戒子歆书》、马援的《诫兄子严敦书》、张奂的《诫兄子书》、郑玄的《戒子益恩书》、司马徽的《诫子书》等。这些家书强调"昔称幼学，早训家风""自童子耳熟家训""少习家训，长得名师""积善之家，必有余庆；积不善之家，必有余殃"……家训起到的正是"一棵树摇动另一棵树，一朵云推动另一朵云，一个灵魂唤醒另一个灵魂"（德国教育家雅斯贝尔斯）的大用。

成书于隋朝、被誉为"古今家训之祖"的《颜氏家训》是中国古代最具代表性的家训典籍，其内容规范丰富，体系宏大，历代学者对其推崇备至，视之为垂训子孙以及齐家的典范。

《颜氏家训》的要义有三：

增智和修身是家训的核心，落实在宗经和涉事之中；树立正确的人生偶像；确立家教的各项准则。

（一）增智和修身是家训的核心

文化和文明的核心，是要人有功夫和境界。这个功夫就是先见之明的智慧。对此，往圣先贤早就总结出学习中国文化、中国智慧、中国哲学、中国文脉的路径：宗经、涉世、守先、待后。

1.宗经

经典是纯阳之物，读经典可以补阳气，这叫采经补阳！因而，你的生命一定要守住一部经典，以此来安顿灵明，成为自己灵魂的支撑、行为的指导、价值的引擎、生命的高标。读书贵用，开卷有益亦有毒，不可不慎！如果读书没有拣择，就会祸害生命。对此，中国的先贤早已明确了读书的路径——宗经！

天地之道，异曲同工。任何民族的优秀文化传承都是从宗经开始的，犹太民族就是典范之一。犹太人约有 1400 万，占全球人口不到0.3%，但诺贝尔奖得主却有近 900 位，占全球获奖总数的 17%；全球富豪犹太人占一半；全美 200 名最有影响力的人中，犹太人占一半；全美名牌大学教授，犹太人占三分之一；全美文学、戏剧、音乐界的一流人才，犹太人占 60%……这些都是跟犹太民族从小重视经典教育分不开的——小孩子在两三岁时，父母就会在经书《圣经》或《塔木德》上滴几滴蜂蜜，小孩子接近后，会下意识地用舌头去舔，舔完发现是甜的，于是便对经书产生了亲近感。从此，生命就种下了一颗磅礴的种子——经典是甜的！此后，父母亲会有意识地为孩子们讲其中的故事。渐渐地，经典的智慧就在孩子的心灵中扎根了！这就是他们独特的宗经教育方式。而通常不超过 10 岁，绝大部分孩子就能将经典背下来。于是，经典就成为他们未来生命饱满和昂扬的源泉！

传经就是传心，很多人的生命可以通过经典被智慧渗透！

日本的成功与犹太民族有着相似的经验，都与宗经教育密切相关。日本人口仅为中国的十分之一，疆土面积与云南省相仿，但日本获得诺贝尔奖的人数却位居全球第二。早在1949年，日本汤川秀树就成为日本第一位获得诺贝尔奖的人。这样的教育成果，与1868年日本明治维新有着重要关系。

　　当时的明治天皇，颁布了五条誓文：

　　（1）广兴会议，决万机于公论；（2）上下一心，以盛行经纶；（3）文武一途，下及庶民，使各遂其志，勿使人心倦怠；（4）破除旧来之陋习，秉持天地之公道；（5）求知识于世界，以振皇基。

　　值得一提的是，清代魏源的《海国图志》一书在当时的日本几乎人手一册（大清朝在十七年之后才发觉此书之珍贵）。并且，在"上下一心，以盛行经纶"这一条中，还重点强调："凡不懂《易经》者，不得入阁。"足见其对经典教育的重视。

　　五条誓文施行不久，日本即步入中兴，经济指标成为亚洲之首，并位居全球经济体排名第二，达四十年之久。可见，学习经典不仅能变化气质，更能增添福禄。

　　对此，颜之推先生早有总结："汉时贤俊，皆以一经弘圣人之道，上明天时，下该人事，用此致卿相者多矣。"（《颜氏家训·勉学第八》）汉代的那些国家栋梁们，都是依靠一部经典来弘扬圣人的智慧的，他们上明天时变化，下晓人情世故，依靠这样的本事，做到卿大夫和宰相的人，实在是太多了！

　　而古希腊圣哲苏格拉底也曾说："像你这样只图名利，不关心智慧和真理，不求改善自己的灵魂，难道不觉得羞耻吗？"是的，传世经典，言不空发，字不妄下，一言一字，大有妙义。若能真实无伪地精通一部经典，便可举一反三。但这个功夫，须从涉事中熏习得来……

2. 涉事

涉事，是指让经典的智慧融化在生命之中，不断饱满自己，并能运用经典的智慧来指导生活。

这种融化，不是纸上谈兵、坐而论道，而是通经致用，证得道要，解决自己的实际问题！换言之，涉事就是用智慧管理自己的生命。明末清初中国画的一代宗师八大山人朱耷，就将"涉事"作为自己的座右铭，时时醒砺自己如何圆活性命，如何庄严自身，如何如理如法，如何饱满而轻灵地活着……直至活出了令世人赞叹不已的美不胜收！

凡事都可以在不动声色中见道，无论富贵贫贱都不妨碍你载道的功夫，这叫不让时间变质。八大山人就是这样的人！

3. 守先

"我用我法，彼用彼法。守先王道，以待后学。"（明代佚名《七十二朝人物演义》）

守先，就是守护和继承好往圣先贤的智慧。这个能守、能安、能尊的动力，需要持之以恒的精进。但精进不是执着，执着是染污的，而精进是清净的，它能够体现生命的功夫所在——善护念。要知道，人的一生，天生的能力占了百分之九十九，无须学习，比如呼吸、喝水、排便……余下的百分之一归我们自己管，但若管不好，就会成为生命灾难的源头。因此，智慧的建构就尤为重要！

智慧之建构，如开城门，不开则死，开则鱼龙混杂、泥沙俱下，而功夫就在于你如何护城，如何能让生命得到真正的安住与尊重。

4. 待后

待后，就是等待后来者，得时智授，以发扬光大道统。这也是在累积功德。

山东邹城孟子祠中雍正皇帝所题"守先待后"御匾

　　山东邹城孟子祠中，悬挂有清代雍正皇帝所题写的"守先待后"的御匾。可惜，今人能看得懂的，寥寥无几！要知道，"人非觉者，即为刃靡"，但凡用小聪明来玩世者，世界对他都是先刃后靡！

　　问问自己：经典是美好的，但你有何德何能，能让这美好继续美好呢？！

　　据《圣门十六子书》载：有一次，孔子闲居在家，突然喟然叹息。孙子子思听到后，立即问孔子："是不是担心子孙不学无术，辱没家门？"孔子很惊讶，问他是如何知道的？他说："我曾听您说过：'父亲劈柴，儿子不背，就是不肖。'自那以后，我就把您的话记在心中，激励自己努力学习毫不松懈。"孔子听后，欣慰地说："那我就不用再担心了。"后来，子思果真没有辜负孔子——"子思作《中庸》"（《史记·孔子世家》），世称"述圣"。此后，《中庸》与《论语》《孟子》《大学》并称"四书"，成为中国文人必读之书，益人无数。

中国文化是圣化的教育，是比肩圣贤、见贤思齐的教育，遵循"宗经、涉事、守先、待后"的基本纲领，并由此开出圣化道统！当你知晓并能够践行这八个字的时候，你的天时就到了，生命亦从此开始发迹。

（二）树立正确的人生偶像——"慕贤"

中国文化强调"以人为本"（《管子》），因为"人生难得，无虚过也"，所以人生要树立正确的人物坐标——要见贤思齐，比肩圣贤，"勿贪势家"，反对"贪荣求利"，"积财千万，不如薄技在身"……教诫子孙后世要励志学做圣贤。那些"小鲜肉"和"娘炮"之流，皆在反对之列。

（三）确立家教的各项准则

家长要成为子女的楷模，即"身教胜于言教"。

家长应身先垂范："夫风化者，自上而行于下者也，自先而施于后者也。是以父不慈则子不孝，兄不友则弟不恭，夫不义则妇不顺矣。"持家要"去奢""行俭""不吝"，做人要"巧伪不如拙诚"，摒弃"不修身而求令名于世"的"窃名"行为。

历史上身教的典范很多，如晋朝名相谢安。他身居相位，公务繁多，因而教育子女的重任便落在妻子身上。久之妻子便生微词："哪得初不见君教儿？"怎么从来都不见你教育孩子呢？谢安听完，非但未有辩驳，相反却心平气和地答道："我常自教儿。"谁说我没有教育他们呀？我每天出出进进为人处世的行为，他们都看在眼里，渗入心中了，这些都是不言之教呀。妻子闻言顿悟：原来"言教不如身教"。这就是

《世说新语》所载的《谢安教子》的故事。

众所周知，"近朱者赤，近墨者黑"，环境决定人格。当年墨子见到有人染丝，便感叹：原本是白色的丝物，染了青颜料就成了青色，染了黄颜料就成了黄色。因为染料不同，丝的颜色也随之而变。历五次之后，就变成五种颜色了。（"染于苍则苍，染于黄则黄，五入必，而已为五色矣。"《墨子》卷一《所染第三》）所以，染布不可不慎！墨子继而展开说，不仅是染丝，国家、士人也都如同染布之理。可见，家长就如染料一样——在不同环境的熏习下，孩子就会在不知不觉中养成不同的为人处世风范。

人能自净其意，则其福难量。汉代著名的"清白吏"杨震，教育子孙之训更是名垂千古，"使后世称为清白吏子孙，以此遗之，不亦厚乎！"得此教，杨震五子曾达"四世三公"之辉煌，且均以"清白吏"誉满天下。汉末孔融赞言："杨公四世清德，海内所瞻。"杨震二子杨秉，更以"不饮酒、不贪财、不近色"的"三不惑"而闻名于世。如今，海内外的杨氏祠堂中，以杨震典故命名的"四知堂"和"清白堂"，随处可见。这都是伟大的精神遗产！

因此，不要花时间去印证他人的优劣是非，只印证自己每个当下的真伪杂纯就好。试想：心思若能如此清明，则何业不成呢？！

除《颜氏家训》外，中国家训的典范之作中，较有影响的还有诸葛亮的《诫子书》、司马光的《家范》（自谓"重于《资治通鉴》"）、朱伯庐的《朱子家训》、袁黄的《了凡四训》、赵鼎的《家训笔录》、叶梦得的《石林家训》、孙景修的《古今家诫》、方昕的《集事诗鉴》、刘清之的《戒子通录》、董正功的《续家训》、吕祖谦的《少仪外传》《家范》、倪思的《月计》《岁计》、陆九韶的《居家制用》等。这些家训文献，数量众多、体裁丰富，且各有所长——有的注重家庭教育，有的注重家庭经济管理，有的侧重治生与制用，不一而足。但其中影响最大的，莫过于《了凡四训》。

《了凡四训》，又名《命自我立》《训子文》，作者为明代的袁了凡，是"中国第一位具名的善书作者"。该书以个人经历现身说法训示子孙，由"立命之学""改过之法""积善之方""谦德之效"四部分组成。书中最后强调的是立志："人之有志，如树之有根，立定此志，须念念谦虚，尘尘方便，自然感动天地，而造福由我。"人生先立定了志向，就立定了脚跟，从而避免内心四处流浪，无有着落。

无论是乡训、家训、孝训、女训还是族训等，都无脱于以下四个维度：一曰立德，二曰承家，三曰保身，四曰养志。如——

清代王士晋《宗规》："尊尊、老老、贤贤，此之谓三要。矜幼弱、恤孤独、周窘急、解忿竞，此之谓四务。引申触类，为义田、义仓、义学、义冢，教养同族，使死经生无失所，皆豪杰所当为者。"

南宋朱熹《增损吕氏乡约》："一曰德业相劝，二曰过失相规，三曰礼俗相交，四曰患难相恤。"《敬恕斋铭》："出门如宾，承事如祭；以是存之，敢有失坠。己所不欲，勿施于人；以是行之，与物皆春。胡世之人，恣己穷物；惟我所叟，谓彼奚恤。孰能乃是，敛焉厥躬；于墙于羹，仲尼子弓。内顺于家，外同于邦；无小无大，罔时怨恫。为仁之功，曰此其极；敬哉恕哉，永永无斁。"

《魏氏家训》："恭谨忍让，是居乡之良法；清正俭约，是居官之良法。"

北宋司马光《家范》："福禄莫全占尽，要留些与儿孙。"

三国诸葛亮《诫子书》："非淡泊无以明志，非宁静无以致远。"

北魏杨椿《诫子孙书》："所以孜孜求退者，正欲使汝等知天下满足之义，为一门法耳，非是苟求千载之名也。汝等能记吾言，百年之后，终无恨矣。"

北宋包拯《包拯家训》："犯赃滥者，不得放归本家。"

北宋黄庭坚《家诫》："无以小财为争，无以小事为仇。无以猜忌为心，无以有无为怀。"

南宋陆游《放翁家训》："训以宽厚恭谨，勿令与浮薄者游处。""为人当计天下，为官当知清正。"

"明初理学之冠"曹端《续家训》曰："修身岂止一身休，要为儿孙后代留。但有活人心地在，何须更问鬼神求？"

明代王阳明《家训》："凡做人，在心地；心地好，是良士。"

明代朱柏庐《朱氏家训》："一粥一饭，当思来之不易。"

清代郑板桥《郑板桥家书》："夫读书中举中进士做官，此是小事，第一要明理做个好人。"

清代张之洞《家训》："仁厚遵家法，忠良报国恩。兄弟不可争产，志须在报国，勤学立品。君子小人，要看得清楚，不可自居下流。"

汉代蔡邕《女训》："心犹首面也，是以甚致饰焉。面一旦不修饰，则尘垢秽之；心一朝不思善，则邪恶入之。咸知饰其面，不修其心，惑矣。夫面之不饰，愚者谓之丑；心之不修，贤者谓之恶。愚者谓之丑犹可，贤者谓之恶，将何容焉？故览照拭面，则思其心之洁也，傅脂则思其心之和也，加粉则思其心之鲜也，泽发则思其心之顺也，用栉则思其心之理也，立髻则思其心之正也，摄鬓则思其心之整也。"

汉代严光《九诫》："嗜欲者，溃腹之患也；货利者，丧身之仇也；嫉妒者，亡躯之害也；谗慝者，断胫之兵也；谤毁者，雷霆之报也；残酷者，绝世之殃也；陷害者，灭嗣之场也；博戏者，殚家之渐也；嗜酒者，穷馁之始也。"

汉代崔瑗《座右铭》："无道人之短，无说己之长。施人慎勿念，受施慎勿忘。世誉不足慕，唯仁为纪纲。隐心而后动，谤议庸何伤？毋使名过实，守愚圣所臧。在涅贵不缁，暧暧内含光。柔弱生之徒，老氏诫刚强。行行鄙夫志，悠悠故难量。慎言节饮食，知足胜不祥。

行之苟有恒，久久自芬芳。”

三国卞兰《座右铭》：“重阶连栋，必浊汝真。金宝满室，将乱汝神。厚味来殃，艳色危身。求高反坠，务厚更贫。闭情塞欲，老氏所珍。周庙之铭，仲尼是遵。审慎汝口，戒无失人。从容顺时，和光同尘。无谓冥漠，人不汝闻。无谓幽窈，处独若群。不为福先，不与祸邻。守玄执素，无乱大伦。常若临深，终始为纯。”

南宋蔡元定《族训》：“独行不愧影，独寝不愧衾。”

晚清的左宗棠二十三岁结婚时，在新房自写对联：“身无半亩，心忧天下；读破万卷，神交古人。”气壮山河的宣言，既是对自己的勉励，也是他一生的写照。三十多年后的同治五年三月，左宗棠在福州寓所为儿女写家训时，写的便是这副联语。

近代于右任座右铭：“计利当计天下利，求名当求万世名。”

……

言及族训，影响最大的，莫过于赵匡胤所留遗训。人们耳熟能详的“百战归来再读书”，即出自赵匡胤。他为宋朝定下了以文治国的基本国策，为使子孙后世能彻底贯彻，甚至将遗训刻于石碑上，藏于深宫密室，每逢新帝继位，必须前去恭读。这个国家机密，连许多重臣也不知道。直到宋太祖去世后一百五十年，开封沦陷，“石刻遗训”才被发现，其中有一条就是“不得以言论之故，杀士大夫”。文人受到如此重视，导致中国文化在宋代达到了空前的繁荣，以至于“华夏民族文化，历数千载之演进，造极于赵宋之世”（陈寅恪）。宋朝成为中国文化的巅峰时期。

而比赵匡胤这个遗训更为久远和宏大的，则是中华民族的族训——“天地君亲师”（战国荀子）。

西方的教育是两堂制：学堂和教堂，孩子们出了学堂进教堂，接受精神洗礼；而中国的教育则是三堂制：学堂、祠堂和中堂。孩子们出了学堂进祠堂，然后再回家经过中堂。祠堂是祭祖的，中堂是感恩的。在古代传统建筑院落的中堂，通常都挂有"天地君亲师"匾额，告诉人们：没有天地，就没有人类社会的存在，所以要感恩天地；没有君，社会和个体生命就会无序，所以要感恩君；没有父母双亲，就没有我们的肉体生命，所以要感恩父母双亲；没有老师，就没有我们的精神生命，所以要感恩这世界上一切令我们增长智慧的师！

这五个字，将感恩之心贯穿其中，告诉人们：这个世上，没有任何人可以独立完成任何事情！所谓的独立，都是极其有限的。诚如宋代苏东坡《琴诗》所言："若言琴上有琴声，放在匣中何不鸣？若言声在指头上，何不于君指上听？"可见，世上一切都是众缘和合的结果。如果，你把你的成功，看成是自己独具的才华和能力，那就叫"贪天功为己有"！而贪得无厌，必定遗患无穷。因此，必须要懂得感恩！

迄今为止，中国的乡下，有些人家还挂有这个匾额。只不过有的写作"天地国亲师"。

除了家训、族训外，各行业中还有业训。如古代医家共同的业训："但愿世间无人病，何愁架上药生尘。"展现了"医者，仁心"的担当之爱和长青之根。除此之外，还有古代官衙的精神盟训："但愿人无讼，何妨我独闲。"

说到涉及官衙的官箴，最有历史代表性的莫过于两宋以后奉行的《戒石铭》。《戒石铭》出自五代蜀主孟昶的《令箴》（见载于宋代张唐英《蜀梼杌》、洪迈《容斋续笔》），共二十四句。宋太宗见后，删繁就简，摘取其中"尔俸尔禄，民膏民脂，下民易虐，上天难欺"十六字，颁于州县，敕令勘石立于衙署大堂前，提醒官员：你们所领俸禄，皆为百姓血汗；百姓虽然好欺负，但天理却难以容忍。用以警戒官员要秉公办事，从政为民，因而此铭又被称为《御制戒石铭》。

宋哲宗也曾御书《戒石铭》赐郡县。黄庭坚于元丰年间任泰和县令时亦书有《戒石铭》于郡县，其碑刻现于江西泰和县博物馆珍藏。自宋代开始，《戒石铭》遍布全国各州县，成为官场箴规而流传天下。至清代中晚期，《戒石铭》的碑刻形式逐渐改为牌坊形式。对此，清代觉罗石麟《山西通志》、刘廷槐《来安县志》以及柳堂《宰惠纪略》等文献均有记载，今河北保定直隶总督衙署亦保存有"戒石坊"。

除医箴、官箴之外，古代师道亦有共训——

唐代韩愈曰："师者，传道、授业、解惑者也。"

宋代圆通法秀禅师曰："自不能正，而欲正他人者，谓之失德；自不能恭，而欲恭他人者，谓之悖礼。夫为善知识，失德悖礼，将何以垂范后乎？"（《与灵源书》）

后来，师训逐渐影响到海内外的教育机构，渐渐成为了校训。如清华大学校训：自强不息，厚德载物。

……

要知道，如果你身边的人什么都不信，那是相当危险的一件事情——因为他们会随时破坏生态！而家训，就是在培养信仰——以道心化人心，则国土可庄严，生命可凯旋。

无论是家训、校训、族训、乡训、业训等，都是精神之基、智慧之源，都可为后人带来万变不离其宗的精神版图和智慧之径。借用汉代崔瑗的《座右铭》："行之苟有恒，久久自芬芳。"

二、日本家训文化

"山高风易起，海深水难量！能传法脉者，必有勤恒之助；能拓疆土者，必得灵明之佑；能明旁心者，必备忧人之德；能接盛名者，必承谤非之扰；能进慧命者，必遇天人之师；能入芳华者，必存贞观之志！"（《会心》）

自唐代起，传至日本的中国书籍超过 1500 种，具有代表性的有《孝经》《论语》《史记》《汉书》《颜氏家训》等，它们进入日本的千家万户，深深影响和促进了日本文化的发展。在公元 769 年左右，日本奈良时代的学者、政治家吉备真备，在参照《颜氏家训》的基础上，写就了《私教类聚》，从此开启了日本家训的先河。随后，家训成为日本儿童的启蒙教材和社会发展的精神引擎。

日本家训在发展过程中，汲取了大量中国文化思想，并逐渐分为武士家训、商人家训、女训等。譬如日本战国三英杰之一、江户幕府首任征夷大将军德川家康，就为族人留有家训：

① 人生有如负重致远，不可急躁

② 视不自由为常事，则不觉不足

③ 心生欲望时，应回顾贫困之时

④ 心怀宽容，则能无事长久

⑤ 视怒如敌

⑥ 只知胜而不知败，必害其身

⑦ 责人不如责己

⑧ 不及胜于过之

在德川家康的家训中，处处可见《论语》《道德经》等中国经典的智慧。他的这种远见，为其子孙后代种下了绵绵的福德。

而被誉为"日本资本主义之父""日本企业之父""日本金融之王"的涩泽荣一，以其过人的远见与智慧，将做好子弟教育视为家业传承与繁荣的重要保证。他把培养德才兼备的商业精英计划从小落实，在百忙之中为家族子弟立下与《论语加算盘》同样著名的《涩泽家宪》（八十多条）。

　　在此选摘几条，以供品读：

　　①子弟教育关系到同族家道之盛衰，故同族之父母尤要慎重待之，教育之事不可忽视；

　　②为父母者，常须谨言慎行，以为子弟垂范，且要进行严正的家教，不可使子弟怠惰放逸；

　　③子弟满八岁，男子不再用保姆，而代之以严正之监管者；

　　④凡子弟十岁以上，虽然可给予少量零用钱，但要严格按照实际需求规定额度，并提醒会计密切关注；

　　⑤子弟幼小时，要让他知道世间疾苦，养成独立自主精神。男子外出尽量步行，以利身体健康；

　　⑥子弟不得阅读淫秽书籍，不接触猥琐事物，不接近艺伎，及从事演艺业者；

　　⑦男子十三岁以上，在学校放假期间，让他与品行端正的师友结伴旅行；

　　⑧男子至成年前，穿戴日用要与大人有所区别，衣穿棉服，及所用器具类以素雅为主，唯女子外出或见宾客时才能穿绢布衣服；

　　⑨教育男子要重勇敢活泼，常存敌忾之心，修内圣外王之学，使其养成明事理而又忠实之品格。

　　……

　　以上句句平实之语，不仅小中见大，且面面俱到，足见其心地之仁，眼光之远，视野之宽，担当之义。

《论语》曰："仁者寿。"1931年11月，涩泽荣一以九十一岁高龄辞世，在当时而言，可谓超级高寿；而其声名盖世，更是成为《道德经》"死而不亡者寿"的时代注脚！

在日本，像涩泽荣一那样重视子孙节俭的企业家，大有人在。如，细川重贤在其《朋巴后侯训诫书》中说："凡事谨慎小心，莫说金银米钱，即便是井中汩汩之水，亦不可无益浪费。"伊势贞丈在其《贞丈家训》中说："衣服为掩体之物，粗陋亦可蔽身。应据财力、位次着相应服装。着不合身份之华服者，是为奢。食乃续命之物，粗茶淡饭，只要免饥存命则可。嗜好美食，耗费金银以饱口腹之欲者，是为奢。房屋乃遮风雨之物，狭窄鄙陋，能挡风雨则可。应视财力，建相应之屋，建不合财力之华屋者，是为奢。"这种种关于勤俭节约的叮咛与教诲，都在以各自强烈的方式，提醒家族的后人们建立正确的人生观和价值观，以保子孙长久之计，同时，也为社会的进步，带来了不可磨灭的影响！

涩泽荣一先生在日本就是一个传奇。他早年在父亲的培养下，亲近孔子，终生嗜读《论语》。他是一位把《论语》学活了的人！他常说："古人靠《论语》治国理政，我靠《论语》从商。"他将《论语》作为第一经营哲学，将"既讲精打细算赚钱之术，也讲儒家的忠恕之道"的成功经验诉诸笔端，撰写了《论语与算盘》一书，至今仍风靡世界！

他是"宗经、涉事、守先、待后"最具代表性的践行者，更是抵达"立德、立功、立言"三不朽的伟大实业家。他不仅为日本留下了与西方接轨的工商业制度体系和数不清的创业实体，更为近现代日本企业家确立了将西方近代资本主义产业、经济制度与东方儒家伦理有机结合的新"商人道"——将"士魂商才"作为现代日本商人的必备素质！还强调"如果偏于士魂而没有商才，经济上就会招致自灭，因此既要有士魂，更要有商才，而《论语》则是培养士魂的根基"。可见，《论语》的智慧，是他的"商人道"的根基，是他走向成功的坚定精神内核。而这，就是经典的魅力！

实际上，很多日本的家训和业训，都与中国文化有着密切的联系。换言之，中国文化是其重要的源泉所在。

第二节　日本企业长寿窍诀

日本是世界上长寿企业最多的国家。据日本长寿企业研究专家、日本经济大学经营学院院长后藤俊夫统计，截至 2016 年，他在日本发现了 25 321 家经营了 100 年以上的企业（中间无一日中断；中间改行者不算）。按照世界最古老企业排名，世界前 10 家长寿企业除了 1 家是德国企业外，其他 9 家均来自日本。日本存续 500 年以上的企业有 147 家，存续 1000 年以上的长寿企业有 21 家，平均每 5000 人就有 1 家百年企业。而在中国，存续百年以上的企业数量只有个位数。始于 1530 年的六必居酱园，是中国最古老的企业，但它比日本最长寿企业——成立于公元 578 年的金刚组，整整晚了 1000 年。

一、得道

日本企业不仅屹立于世界长寿企业之巅，其代际传承制度也非常完善。其生生不息的创新活力，对日本经济发展和社会稳定起到了重要的护航作用。而日本长寿企业的成功，与家训的作用密不可分——这种由文化铸就的精神山脉，带给日本百年老铺无限的阳光和力量！而在他们的家训中，你会发现：中国文化的贡献是非常突出乃至不可思议的！

2014 年，日本经济产业省公布 100 家"全球隐形冠军企业"，其中有 18 家来自大阪。大阪的制造企业的数量，位居日本之首。如果你来大阪，一定要去"大阪企业家会馆"——它作为大阪商工会议所成立 120 周年的纪念项目，于 2001 年 6 月开馆，是日本第一家专门介绍孕育日本产业的博物馆，展示了明治维新以来 105 位企业家的光辉事迹及其感人的企业精神。其中包含有数百家屹立于日本、亚洲乃至世界的企业，如：松下、夏普、三洋等，它们是多元行业领域（以制造业居多）的日本企业家精神引擎所在，通过这些企业可以了解日本企业家以提升人民福祉为目标所进行的别具一格的商业经营活动事迹——他们是支撑日本最繁荣时期的最艰苦的企业家，也正是他们的辛勤付出和智慧发扬，成为社会前进的驱动力，使得日本得以横亘于世界经济前沿。

大阪企业家会馆

他们对社会责任的关注与承担，对员工和全社会成员幸福感的关注与行动，使灯灯相照、人人互惠的精神得以在全社会发扬，同时也让自身成为社会发展的中流砥柱！

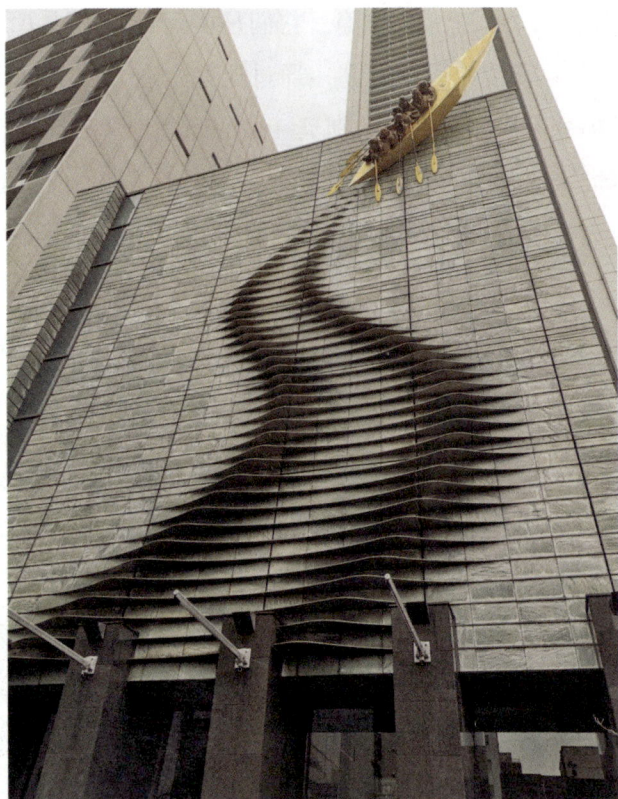

大阪企业家会馆门上这个造型的寓意为：做企业犹如逆水行舟，
不进则退，因而要学会同心协力，同舟共济

　　大阪企业家会馆有一个总结：这些磅礴的百年企业，有着共通的特点——变化、先见性、挑战、创意、自助、意志。这些是他们企业成功的内在引擎。

　　教育强则民族强，企业强则国家强！在这个会馆中，你了解得越深入，就越能感受到集体性的历史使命感和社会责任感。譬如，大阪全城有184座桥，仅有10座是政府出资修建的，其余均为当年的企业家自发捐建！如何反哺国家与社会，是这些企业家精神的重要基石，因此也成就了日本的经济奇迹。

更令人瞩目的是：他们的家训，往往与中国文化有着不解之缘。如，"顺理则裕""宁为鸡口，不为牛后""大正""志在千里"等。

（一）顺理则裕

成立于 1882 年的东洋纺（TOYOBO），是日本纤维和纺织品的顶级制造商之一，其高机能产品以"环境、健康、高功能、不断创造出贡献社会价值的类别领袖"为目标，享誉世界。其创始人，就是前述被誉为"日本产业之父"的涩泽荣一先生。他将中国宋代程颐的"顺理则裕"视为座右铭之一，并将其确定为东洋纺的"社是"（家训），令企业生机盎然地传承至今。

关于"顺理则裕"一词的来源，还有这么一段故事——

宋太祖赵匡胤有次在朝堂上问群臣："天下什么最大？"大臣们纷纷回答，他都不满意，于是转头问尚未发声的宰相赵普，赵普答道："天下道理最大。"赵匡胤听完，深以为然，击掌而赞！散朝后，一边走还一边说："好一个道理最大！"

确实，赵普回答得极为精辟——天地万物都有其道，道中均有天理运行，这就是要强调讲理的原因所在。后来，北宋五子之一的程颐，其学说便是以"穷理"为主，认为"天下之物皆能穷，只是一理""一物之理即万物之理"，主张"涵养须用敬，进学在致知"的宗经涉事方法，为中国文化中理学的创立奠定了基础。他在《程颐文集》中写有"顺理则裕"的名言。在他去世的八百多年后，这句话漂洋过海，成为日本著名百年企业东洋纺的精神之源——家训！

"顺理则裕"之意是，要顺应天理、符合时势和人心来做事，这样就一定能繁荣昌盛。领悟了这个真谛后，涩泽荣一提倡在发展经济时，一定要将伦理和利益两者兼顾，这种思想理念是其道德经济合一学说的精髓。对此，涩泽荣一还作了更深的阐述："利益是为了让国家整体更为富裕，这个由整体来共享的富裕，不应当被经营者独占，而是应当把它回馈给社会。"

作为群经之首的《易经》，是有史以来最早对"事业"一词下定义的："举而措之天下之民，谓之事业。"你所做的事情，令天下百姓受益的同时，你也受益了，这才是事业。可是，对于"事业"，世人往往只知有事，不知有业，更不知业之善恶。要知道，人世间，有一事便有一业！假若有人所从事的事情，使环境遭受到污染和破坏，百姓亦遭其害，这个损公肥私、损人利己的行为不能被称为"事业"，它顶多叫"产业"。那么他们因此而赚到的钱算是什么呢？古人称之为"浊富"，如宋代释道原说："宁可清贫自乐，不可浊富多忧。"（《景德传灯录》）

"浊富"的后果是什么呢？古人讲得很清楚：浊富损三代人！

你看看那些坑爹的富二代们，就知道其中的因果了。需要强调的是：因果是自然规律，非为宗教所属。《大学》："言悖而出者，亦悖而入；货悖而入者，亦悖而出。"《吕氏春秋·用民》："种麦得麦，种稷得稷。"汉代刘向《新苑·谈丛》："好称人恶，人亦道其恶；好憎人者，亦为人所憎。"明代黄宗羲《宋元学案》："损人即自损也，爱人即自爱也"，以及"种瓜得瓜，种豆得豆，种爱得爱"……其理一也！讲的都是因果规律，无须推算。

因果乃自然规律，看似与人无预，实则其应如响——善良的苏格兰农夫从粪池中救出一个小男孩，男孩的绅士父亲要酬谢，却被农夫谢绝。绅士说："让我们签个协议，我带走你的孩子，给他最好的教育。"农夫允诺。农夫的孩子后来发明了青霉素，获得了诺贝尔奖。数年后，绅士儿子得了肺炎，青霉素治好了他。这两个孩子分别是弗莱明和丘吉尔！

可见，善是人间福禄的根。无私地帮助周遭的一切，就是在为自己种福田，而最终受益的还是你自己，此实乃世人添远禄之大经方也。

在日本、新加坡、中国台湾等国家和地区的寺院功德箱外面，经常会看到"净财"二字，言外之意就是：不要给我"浊富"。希望施主们所捐赠的钱，是干干净净赚来的！

知晓"顺理则裕"的文化来源及其背景后，当你在大阪企业家会馆再看东洋纺这个"顺理则裕"家训时，心情就会与众不同。而若能将这四个字，持之以恒，一以贯之，便会产生久久之功！

足见，文化是最大的生产力，文化不仅需要继承，更需要传承——只有在传承中，才能更好地绽放智慧！

（二）宁为鸡口，不为牛后

东周时期，很多诸侯都想称雄天下，秦国尤为虎视眈眈。

为此，秦惠王采纳宰相张仪的"连横"外交政策，四处游说，试图拆解六国的合纵政策。而极力主张诸侯国联合抗秦的苏秦，在得知韩王准备投靠秦国时，就立即去游说韩王。凭借苏秦的三寸不烂之舌，游说一举成功，使得张仪的秦国连横策略破产。在这个载于西汉刘向《战国策·韩策一》和《史记·卷六十》的故事中，苏秦对韩王说："臣闻鄙语曰：'宁为鸡口，无为牛后。'今大王西面交臂而臣事秦，何以异于牛后乎？"后人将其提炼为成语"宁为鸡口，不为牛后"——宁愿做小而独立且干净的鸡嘴，也不做大而附庸且脏臭的牛屁股，以此比喻宁在小地方自主，也不在大地方受人支配。该故事在明代冯梦龙《东周列国志》第九十回中亦有记载，文字略有不同："俗谚云：'宁为鸡口，不为牛后'，以大王之贤，挟强韩之兵，而有'牛后'之名，臣窃羞之。"

　　人们与蚊子的战斗一直是人类夏季的一景。《日本书纪》与《古事记》中早就有关于驱蚊的记载。人们与蚊子长期战斗的历史性转折点，出现在 1887 年，日本除虫菊公司的创始人上山英一郎，将"宁为鸡口，不为牛后"一语作为自己企业的社是（家训），立志要像《战国策》中所说的那样"成为鸡口"，并创立了蚊香之王"金鸡蚊香"品牌。

　　上山英一郎的成名，离不开他的恩师福泽谕吉。1890 年，经由恩师的引荐，上山英一郎结识了美国种苗家 H. E. Amoa，获得了日本当时第一个除虫菊种子。不久，他便以金鸡品牌推出了蚊香，风靡日本。1902 年，他又开发出盘香。从 1970 年至今，金鸡蚊香的市场占有率超过了全日本三分之一份额，其另一款主力商品蚊香液和包含灭蟑螂等用途在内的杀虫剂，也一直与安速、Fumakilla 三分天下。大日本除虫菊公司终于实现了自己的梦想——成为了鸡口！

　　如今，这只百年金鸡，在小小的蚊香世界中，凭借其绵绵匠心，依然睥睨群雄、独领风骚、秀誉满天涯。

　　（三）大正

　　"大正"一词，出自《周易·临卦·象上》："临，刚浸而长。说而顺，刚中而应，大亨以正，天之道也。"临卦由于阳刚浸润而增长，欢悦而柔顺，阳刚居中而正应其位。这是在说，要想拥有大的亨通之势，就必须恪守正道。因着这个美好的喻义，日本嘉仁天皇于 1912 年 7 月 30 日登基时，采用了"大正"作为年号，这也是日本第 245 个年号。

　　君子美美与共——同年，酷爱中国文化的上原正吉（其夫人上原小技与宋庆龄交好），创立了日本大正制药株式会社，也因"大正"之名源于"大亨以正，天之道也"。而天道之变化，展现于气象之变化。因世上"禽鸟得气之先"（宋代邵雍），故而最先了解天道变化规律的便是天上的禽鸟。且天上禽鸟中，以雕为最猛。于是，创始人便决定用"雕"作为企业品牌标志，取其翱翔空中无有敌对之意，希冀公司鹏程万里，前途广阔。随着电视及广播在日本的普及，1955年上原正吉根据雕的视觉敏锐、飞行速度快且持久的特点，提出"要让男女老少都一目了然""一听便知其一二"的品牌理念创意，一下子就深入人心、家喻户晓。

《易经》所言"大正"的亨通之势，在大正制药的企业文化里展现得淋漓尽致——这家世界著名的制药企业，是首家研究牛磺酸的权威机构。在非处方类药品领域销售额位居日本第一，在生物制药、常规制药、功能性食品方面具有很强的研发和生产能力。它是世界第二大OTC药品生产商，现有约5000名员工，是药品、准药品、化妆品和食品等生产和销售商，主营业务为非处方药的生产和销售。其产品在全球的市场占有率为47%。1962年又发明拳头产品"力保健"，年产能力高达2000万瓶，畅销全球五十多年。

自1912年创立以来，大正制药始终秉持创始人上原正吉所确定的"绅商"社训，强调经商要讲究信义道德，遵循天理和社会伦常秩序，为提高公众健康指数不断作出贡献。

上原正吉的这种大爱情怀，在其年轻时的小文《从养花所想到的》（原载《上海译报》）中，便可管窥一斑：

"年轻的时候，我就喜欢种植花草。花，说起来是一种很敏感的植物，只要稍微照顾不周，它就不会开出令人满意的花朵。但是，只要你能够耐心地找出它的各种任性的要求，尽量而细心地满足这些要求，它就会盛开出又大又好看的花朵，让你欣喜不已。

由此我想到：人生何尝不是如此呢？

人生的幸福，不在于被爱，而在于全心全意地爱别人。只要做到这一点，你就会觉得自己是个幸福的人。"

上原正吉所言之理，古今同证——"种麦得麦，种稷得稷。"（《吕氏春秋·用民》）"损人即自损也，爱人即自爱也。"（明代黄宗羲《宋元学案》）

无论善恶，力的作用是相互的，只不过迟早而已。而真正的君子，是千年万里、志趣相当、同风同范、不隔毫芒的！

（四）志在千里

公元 208 年初，时年 53 岁，刚刚击败袁绍父子，平定乌桓叛乱，准备南下征讨荆、吴的曹操，踌躇满志，豪情万丈，就势抒写了一组脍炙人口的乐府诗——《步出夏门行》。他于第四篇《龟虽寿》中，慷慨高歌："老骥伏枥，志在千里。烈士暮年，壮心不已。"他自比一匹上了年纪的千里马，虽然形老体衰，屈居槽枥，但仍激荡着驰骋千里的豪情。

志在千里

后来，日本的石桥信夫见到"志在千里"这四个字后，特别喜爱！这位曾经来过中国、喜爱中国文化的老人，在他创立大和房屋工业株式会社后，便将"志在千里"确定为企业的铭训。

不仅如此，他还十分推崇老子《道德经》中"上善若水"的智慧，并作了独特的解读，谓为"水五训"，亦将其确定为企业的经营精神。

石桥信夫的"水五训"为：

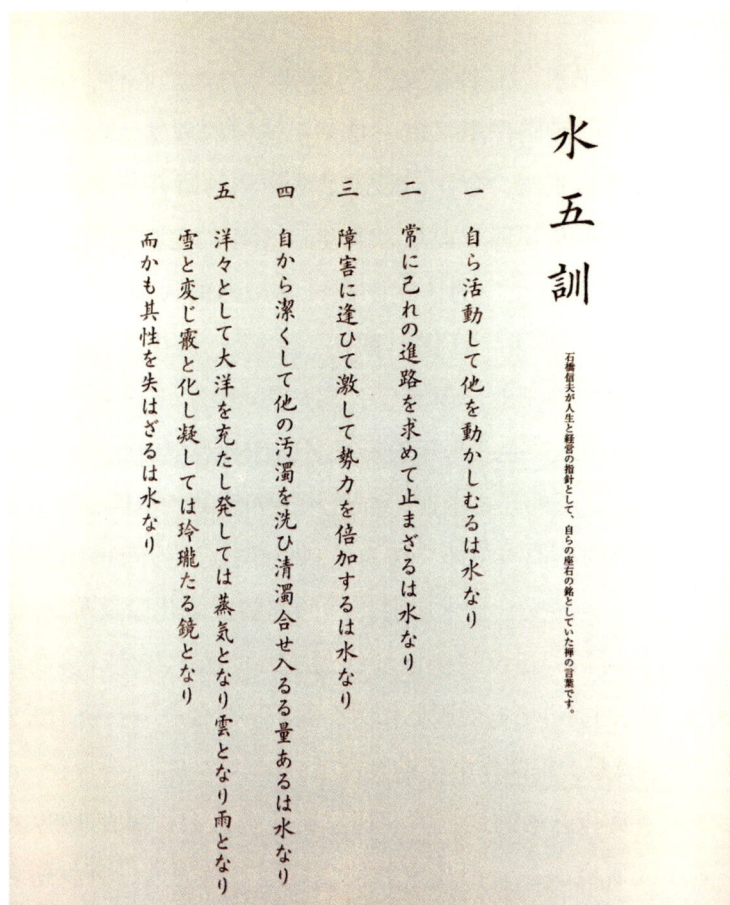

水五训

石橋信夫が人生と経営の指針として、自らの座右の銘としていた押の言葉です。

一　自ら活動して他を動かしむるは水なり

二　常に己れの進路を求めて止まざるは水なり

三　障害に逢ひて激して勢力を倍加するは水なり

四　自から潔くして他の汚濁を洗ひ清濁合せ入るる量あるは水なり

五　洋々として大洋を充たし発しては蒸気となり雲となり雨となり雪と変じ霰と化し凝しては玲瓏たる鏡となり

而かも其性を失はざるは水なり

石桥信夫纪念馆中的"水五训"原文

① 自己活动同时推动他人者，水也；

② 遇到障碍激起百倍的力量者，水也；

③ 永不停止寻求自己的进路者，水也；

④ 清洁自己也清洁他人的污秽，具清浊兼容者，水也；

⑤ 量之大可灌满大海，散发时变成云雨，冷冻时变成冰雪，而特性不会消失者，水也。

石桥信夫关于水"五种德义"的解读，对磨炼心性，奋发图强，起到了不可思议的激励作用。也正是基于这样的理念，1955 年成立于大阪的大和房屋工业株式会社，形成了从住宅的研究开发、建设、销售到住宅维护、运营管理、改造、再生、活用的完整体系，凭借其所研发的抗震、耐震、免震的房屋，在日本遭遇的大地震中表现优异，且因安全、舒适、智能、环保、耐用、农业、健康等方面的综合实力，成为日本最大的工业房屋开发公司，更是"以技术创造未来"的典范！中国诸多房地产企业每年纷纷慕名前往参观学习。

众所周知，真正的匠心企业，都是从善如流的，他们在各自领域多元地展现对社会的善护与关怀。作为预制装配式住宅开发的先驱者，以环保技术创新和食品安全技术应对持续的高龄少子化以及节约、可视、学习、储存等问题，建设完全以环保为核心的医学住宅（多功能卫生间），并将为人们提供更好的服务作为企业核心价值——石桥信夫先生为日本人民生活质量的提高作出了重大贡献。

更令人激赏和感动的是：大和房屋工业株式会社早在 1989 年，就成立了老年人研究所，专门研究如何更好地善待老人，开发适合老年人居住的住宅。他们在老年人的房屋中加入诸如升降厨房、无障碍设计等诸多细节。其中有一个细节尤其令我深受感动——窗户预防生病！

很多老年人患病与天气变化有着密切关系。比如，由于气温突降或风大，需要去关窗户。有的老人就因为这一瞬间的受风或受寒而导致生病，比如咳嗽、感冒、摔倒，乃至出现并发症等问题，更有甚者从此未能好转……对于这个棘手问题，大和房屋是怎么解决的呢？

说起来很神奇！

房间里的窗户打开后，当室外温度产生变化时，每降 1 摄氏度，窗户就会自动关小一个角度，直至室外温度到了设定的温度时，窗户就会自动关上，根本不需要人工参与。这就完全避免了老人因关窗而出现问题的可能。

人们会很好奇，这是什么高科技原理呢？

说来非常出人意料！实际上，它既不是电感也不是高科技，神奇就神奇在，它就是利用了窗户上胶皮热胀冷缩的原理！这么简单的原理，这么细致的研发，这么动人的细节，这么贴心的关爱……让人如何不会爱上它？！试想，假如你到老时，会不会选择这种贴心的窗户呢？

也许，你现在就想要。

我也因此而记住了石桥信夫的大和房屋以及他的"水五训"！

所有抵达极致的美好，叠加在一起，就是强大——2019 年，日本的工业化进程超越了美国而成为全球第一。美国有媒体竟预言：日本这种势头会保持至少 30 年……

我不知道结论是否正确，但我知道：如何尽快缩短距离，是燃眉之急！

二、企业长寿窍诀

言及长寿，老子极有睿见，他说："死而不亡者，寿。"（《道德经》）这句话是什么意思呢？它是说，真正的长寿是超越躯体的消亡而不朽于世间的。有人会问：有什么路径可以实现不朽呢？当然有。

春秋时期晋国国君晋悼公的正卿范宣子，问鲁国大夫叔孙豹"什么是死而不朽？"叔孙豹答道："太上有立德，其次有立功，其次有立言，虽久不废，此之谓不朽。"（《左传·襄公二十四年》）叔孙豹此言的大意是：一个人如果能在道德、事功或言论上有所建树，传之久远，虽死犹生，名垂千古，就是死而不朽。唐代孔颖达在其《春秋左传正义》中对以上三点作了明确界定："立德，谓创制垂法，博施济众；……立功，谓拯厄除难，功济于时；立言，谓言得其要，理足可传，其身既设，其言尚存。"你看，讲得多清楚！简而言之，"立德"，是指为后世树立高尚的德操，例如讲出"天知、地知、你知、我知"的西汉杨震就是为后世立德的典范；"立功"，是指为国为民建立功绩，令后世广受其益，例如，文字的发明者仓颉，使中华民族有了文字可传；"立言"，是指写出或说出有真知灼见的传世言论，如《道德经》《论语》等古代经典典籍的作者们。这三类人都是死而不亡、流芳百世者，故称"三不朽"。换言之，就是当你把生命付诸道德、功业和言论的维度，将其高度提升到几百年乃至数千年的时候，你的生命就会得以不朽，而你的所作所为也会因此别开生面！

那么，日本长寿企业抵达不朽的窍诀是什么呢？

我的总结有四：精神并蒂、一门深入、进德修业、守先待后。

（一）精神并蒂

《周易》曰："二人同心，其利断金。"《淮南子·兵略训》曰："千人同心，则得千人力；万人异心，则无一人之用。"可见，自古以来，同心协力就是制胜的法宝。

当年，曾国藩在其家书中，深深流露出关于家族传承的焦虑：

"吾细思凡天下官宦之家，多只一代享用便尽。其子孙始而骄佚，继而充荡，终而沟壑，能庆延一二代者鲜矣。商贾之家，勤俭者能延三四代。耕读之家，谨朴者能延五六代。孝友之家，则可以绵延十代八代。我今赖祖宗之积累，少年早达，深恐其以一身享用殆尽。故教诸弟及儿辈，但愿其为耕读孝友之家，不愿其为仕宦之家。"他所立的"耕读、孝友之家"族训，令后世子孙得以绵盛不已。

日本长寿企业的创始人，也十分重视家族教育。位于日本京都，创立于1867年，靠祖上挑担子卖麻布起家的塚喜集团，秉承"积善之家，必有余庆"（《易经》）的家训，历经一百五十余年，跨越无数危机，如今在第六代塚本喜左卫门的带领下，蓬勃发展至拥有和服、宝石、房地产等三大主业板块。他们家族传承有"三代教子图"，认为"赚钱＜存钱＜世代传承"，并让子孙牢记"一代创业，二代饮茶作乐，三代则沦落街头"的道理。这种不遗余力地对家训的传承，让他们的个体生命和企业生命，拥有了共同的精神骨血，可印心、可励意、可孕贤……这种生命与生命的砥砺，是大爱！

"这世界，洪波浩渺，白浪滔天，我只涉物流转，直下承当，向电光火闪中，壁立千仞而去……成一国之良景，一家之信言，一己之智身。"（《会心》）纵观日本长寿企业，之所以能够行之久远，粹然独立，与其饱具的匠心，息息相关！他们对"家训"的彻底贯彻，是其企业得以生生不息的精神保障。他们深深清楚：通过家训，与先祖们精神并蒂，汇入这条精神盟约的河流，伴随如修道般的匠心，顺流而下，于不动声色之中久久为功，大人虎变，方能令企业寿成！

老子说"有生于无"（《道德经》），是的，时代可以枯萎，身体可以不康，但无论富贵穷通、见地如何交锋，都不妨碍个体生命意志的饱满与精神的滂沛——而这，便是长寿企业磅礴而不可见的精神高标所在！

被誉为"永续光辉的企业"，有着八十多年历史的日本理化学工业株式会社，为了教师健康，专门研发出无尘粉笔，惠及全国。创始人大山泰弘树立了企业要"创造幸福感"的业训，并对幸福感做了定义："被爱，被赞赏，被需要，对他人有所贡献！"其中，后三点是通过工作才能够体会到的。在这种理念下，大山泰弘创立了接收智障人士的企业制度，为他们提供自食其力的机会。如今企业中接近百分之八十的员工是智障人士，企业给残疾人提供了"在公司工作的喜悦"，同时让他们"为社会带来活力"。这种企业制度的创造，在当今的社会环境中是多么难能可贵！

和平时期，真正的企业家，就是民族英雄——他们在做着产业报国、造物育人的大爱之业！也正是这些长寿企业所葆有的精神并蒂、坚韧节俭、不投机取巧、保持创新、取好用之的匠人精神，让企业生命在慎独自守之中，养来日之发育，绽他年之光华，铸就了日本今日之强大。

要知道："这个世上，没有什么成功学，只有诚意学！"（《会心》）

天地间一切都昭然若揭，最公平的天赋就是诚意——上天不负诚意人——任何精细的交流都是靠诚意和会心来抵达的。

"增长慧命的方法有很多，但积诚致慧是亘古不变的核心。"（《传心》）当年，有人问"日本经营之神"松下幸之助："成功之道是什么？"他答道："企业是社会的公器，造物之前要先育人，做人做事始终要'素直'（日语：坦诚）！这是真正的成功之道。"确实，坦诚之外，别无他途；而投机取巧，则是生命中最可怕的病毒。

须知，你若对自己的诚意一毛不拔，社会便会将你拔得一毛不剩，这叫公平！

自古以来，生命中最大的光，便是精气神。从这些长寿企业中，可以看出：他们立家训，践行家训，涵养精气神，走着走着，生命就成了一本正经。这就是：一训映千古，生机满天地。

祈愿——

家家有家训，业业有清规。
生生永相续，世世常光辉。

日本咸生书院中的"共育内圣道场"匾额

（二）一门深入

自古以来，"并蒂花呈瑞，同心友谊真"。

但是，"伟大的人，不是生下来就伟大的，而是在成长过程中渐渐显示出伟大的"。（马里奥·普佐《教父》）你仅仅有精神上的并蒂结盟还远远不够，还需要能一门深入落实行动。这世间，人人可以壁立千仞，全在深心与大力。当你能一门深入、深养定力之时，定力才能生出慧见，而有了慧才会有无畏之安，才能够脱颖而出。

如何能让自己脱颖而出呢？答案是：做没有竞争对手的工作！

对此，日本长寿企业在葆有匠人精神的前提下，践行他们共同的生存理念——"不易流行，取好用之"。这句源自江户时代俳句大师松尾芭蕉的名言，强调的是：首先要继承好传统，这叫"不易"；然后是保持创新，这叫"流行"；然后，顺应时代所需，学习一切有益于自己进步的内容，这叫"取好用之"。换言之，"不易流行，取好用之"就是守住根本，顺时创新。把可以学习到的所有优秀内容，全部汲取到自己的传承中来，让企业欣欣向荣。

除此之外，这些长寿企业，往往还具备三只眼的综合力：像鹰眼一样视野辽阔，像鱼眼一样能够看到潮流的变化，像虫眼一样体察身边的细节。有了这三种眼力，就有了见影知竿的能力，日子便会越来越好。

享誉世界的日本哈德洛克（Hard Lock）"永不松动"螺母，被很多国家和地区的铁路和基建等所采用，如波音飞机、中国高铁、美国航天飞机发射台、海洋钻探机，以及目前世界最长吊桥日本明石海峡大桥，世界最高自立式电波塔东京天空树等。这个令世界望尘莫及的螺母，缘起于若林克彦社长在1973年底的一天，路经大阪自家附近的住吉大社时，无意间仰望入口处的高大中式建筑牌坊，脑中忽然闪过"揳进那种楔子就不会松动"的念头。于是，他立刻试验，在螺母和螺钉的缝隙中打进楔子。结果，这一创举使他的企业成为了行业魁首！

《管子》说："思之思之，又重思之。思之而不通，鬼神将通之。"这句话对若林克彦社长而言，就是最好的印证！这就是"专注出天禄"。（《会心》）

哈德洛克成立于 1974 年。企业并不大，员工也不到 50 人，但却做到了一门深入，"锋利无比"！在它的企业网页上，有这样一个特别标注：本会社常年积累的独特技术和诀窍，对不同的尺寸和材质，有不同的对应偏芯量，这是 Hard Lock 螺母至今无法被模仿的关键所在。

因为无法超越，所以没有竞争对手！正如台湾"饭店大王"严长寿先生所言："不要想着把事情做大，要想着把事情做伟大。"

这个小小的哈德洛克企业，让我想起了两千多年前颜斶先生巍峨超然的风骨——"晚食以当肉，安步以当车，无罪以当贵，清静贞正以自虞。"（《战国策·齐策四》）

你有钱，我不稀罕；我有道，你够不着……

这无声的霸气，震撼着无数人的心。

（三）进德修业

"德"是养身立命的根本，是万业之基，无德不足以养道。因此，人生最大的事业，便是德业。《易经》曰："进德修业"，强调没有厚培福德、广种善因的稼穑之功，就不会有未来生命的高越。

先秦时期，孟子所言"天时不如地利，地利不如人和"中的"和"，就是"德"的统一。换言之，"人和"便是人有德！有德自然能够感天动地，趋吉避凶。因而，孟子这句话也可以这样表述：天时不如地利，地利不如人有德！

《汉书·高帝纪上》载："顺德者昌，逆德者亡。"这是天下诸业之共理，诸家之一尊。那些无德之人，哪怕是在最好的时机（天时），给他再好的位置（地利），最终也都会丧失好运！而那些以创新之名、行破坏之实者，便是无德之人。

要知道，德大资产就大。这个资产，包含财富、健康、声名、寿命、尊严、智慧等，而要想资产滂沛，就要"进德修业"——心胸宽大、不愧于心、不惑于情、行端意正、各司其职、各安其分、顺势而为，这便是德。

《周易》又曰："天地之大德曰生。"天地最大的厚德就是能给人以生机。前文所述的弗莱明和丘吉尔的故事深刻地说明了这一点！可见，你所种的所有福德，最终受益的还是你自己，这是世间广添远禄的大经方。

自古以来"君子以德发身，小人以财发身"，生命是宏大的，我们没有理由辜负当下的新鲜——要努力做一个活色生香的人，不让生命在时间、空间、物质上钝化，才是我们生命中饱满的分量所在！否则的话，德不配位，暴来暴走。

进德的方法除了无私地行持善法，慈悲地对待万物之外，具体在经济运营中，要践行"以义取利"。为什么呢？因为"义感君子，利动小人"（《晋书·苻登传》）。

在京都，有着近三百三十年历史的老铺半兵卫麸的家训就是"先义后利，不易流行"。而那些真正的匠人，都不取不义之财，取的都是"净财"。

明代洪应明《菜根谭》说："无怨便是德。"是的，内外都无怨，才是真正的德。

无论做人还是做事，都应该好好从"无怨"中升华自己，不能一边抱怨，一边不变。如果这样，人生基本就此见底了。

还有，《荀子》曰："邪秽在身，怨之所构。"怨气多者，身上会聚集很多邪气和秽气，属于不祥之"物"，不仅对自己无益，更不利子孙。

金玉之言，细品便知。

（四）守先待后

守先待后，就是在做好继承的基础上，努力发扬光大，并培育好后来之人，以待来祥。

大匠镇世！透过日本诸多长寿匠人企业，我们知道了"荫德积""信念不动""确乎不动""德事业之基""志在千里""崇神敬祖""守、破、离"，还知道了恒心与恒产并现，慈怀与孝亲并举，敬畏与专注并行，造物与育人并重……以"小丸屋""大师堂"等为代表的行业翘楚，对传承人的培养，都是代代相启、彼此照耀，人人守先待后、行履提携，个个超越时空、心心相印，以水月身，努力让生命成为一本正经！

这种滂沛的个体生命价值，汇为一处，就凝结成了日本价值。其光芒，广耀于世界，在催人奋进之际，一展生生之大德，使人在不动声色之中，一路凯旋……

"欲出第一等言，须有第一等意。欲为第一等人，须作第一等事。"（北宋邵雍《一等吟》）可见，人一定要有高心，方能立大志、行大用。人生，若能以唯一和第一之心来安身立命和报国，何来身之不起、国之不振？！

二十世纪八十年代，松下幸之助提出了"产业报国"的经营理念，至今仍深深地激励着日本社会，这就是匠人精神对社会的反哺！并且，这种反哺之力，其大无外，其小无内，随处泛显……

有一年，十翼书院去日本几家知名企业见学10天。我们租用的大巴车，只要停车超过半小时，司机就会去擦车，且无论车窗与车内有多干净，他都会重新擦拭。尤其车的四个轮毂，怎么看都是崭新的！

对此，我一直很诧异。终于在临别前，我忍不住问司机："为什么总能见到您擦车，车子内外都很干净的呀？"司机笑眯眯地答道："我所选择的司机工作，是我的天职，而我的工作就是我的饭碗，有谁会让自己的饭碗里有灰尘呢？"他的回答让我非常震惊……其言虽轻，其力却重千钧！接着他又说："我这么做，是我的本分，但也自然会给新人做出表率作用。"

他的行为，他的语气，他的表情，绝不是背出来的！我在感动之余，问他："可以跟您合个影吗？"他欣然应允。如今，每次看到这张合影照片时，乘车的场景都历历在目，令我感慨万千，实在是太激励人了！

图中白衣者为司机

做好自己，就是对他人最好的供养！

当年，唐太宗问玄奘大师："我想供僧，但听说许多僧人不如法，应当如何？"玄奘大师答道："昆山有玉，但混杂泥沙；丽水产金，岂能没有瓦砾？土木雕成罗汉，敬奉就能培福；铜铁铸成的佛像，毁坏则会造罪。泥龙虽不能降雨，但祈雨必须祈祷泥龙；凡僧虽不能降福，但修福必恭敬凡僧。"唐太宗闻言大悟，从此后，见小沙弥如同见佛一般！

虽然我们无能力去降伏外面的灾难，但应该有能力保证内心不起灾难。

年复一年，日复一日，在相同的时光里，努力却是各自的。各就各位，做好自己，上下一心，让价值、意义、激情、专注、智慧、担当，成为生命不竭的养分，襄助我们腾空而起。

这个世界，不缺名山，不缺大川，不缺物质，不缺财迷，不缺贪官，也不缺污吏……缺的是道场和有道的人。而有道，才能更好地报国！

这世间，有人是来证道的，有人是来挣钱的。多年以后，证道的广为传颂，挣钱的音信杳无。试问：究竟谁赚到了？

第三节　人间共训

所谓共训，就是具有普遍意义的指导思想。

比如，以松下幸之助、塚本喜左卫门为代表的日本近江商人，其核心经营思想是：三方好——即买方好，卖方好，地方好，也称"三利经营"。这种商业理念，最早被记录在近江国神崎郡石场寺的麻布商中村治兵卫的家训中。

松下幸之助经常问他的商友："地方政府欢迎你们吗？"这句问话主要是针对那些只关注产品好坏和销售区域，却极少关注地方政府态度的商人。后来，这个经营理念，成为日本商界的共训。古语谓："君子千里同风。"1921 年泰籍华人谢易初创办的泰国正大集团，秉承的是"利国、利民、利企业"的核心价值观。你看，这不就是"三方好"的另一种表述吗？

松下幸之助还强调："通过不正当行为获取利润，不论是过高还是过少，都非商业正途。"

是的，经营一定要有光明正大的气象——当心向光明，人在道上，十方世界都是一家之风，这叫"天不负"！

值得一提的是，"三方好"是日本企业对外经营的共训，而对内管理，日本企业亦有共训——"5S 现场管理法"，即：整理（SEIRI）、整顿（SEITON）、清扫（SEISO）、清洁（SEIKETSU）、素养（SHITSUKE）。这个 50 年代兴起的"5S"，又被称为"五常法则""五常法"，它被日本企业作为管理工作中提升品质的共法。

然而，要想把企业和管理做得更好，仅有"三方好"和"5S"还不够，若能融入"凡事彻底"和"赞美淋浴"，则未来卓然可期！

一、凡事彻底

（一）缘起

十几年前，我看到一篇介绍日本作家舛田光洋（1969 年至今）的小文。文章说他因为生活困顿而无意中发现，越仔细打扫房间，运气就越好，受此启发，他写出了《扫除力》，被日本日经新闻誉为"重塑日本国民精神"的书。成名之后的舛田光洋成立了"扫除力研究会"，并担任会长，同时也成为日本著名商企大丸百货的环境顾问，时薪高达 20 万日元。从此，我便对"扫除力"有了印象和多加留意之心。

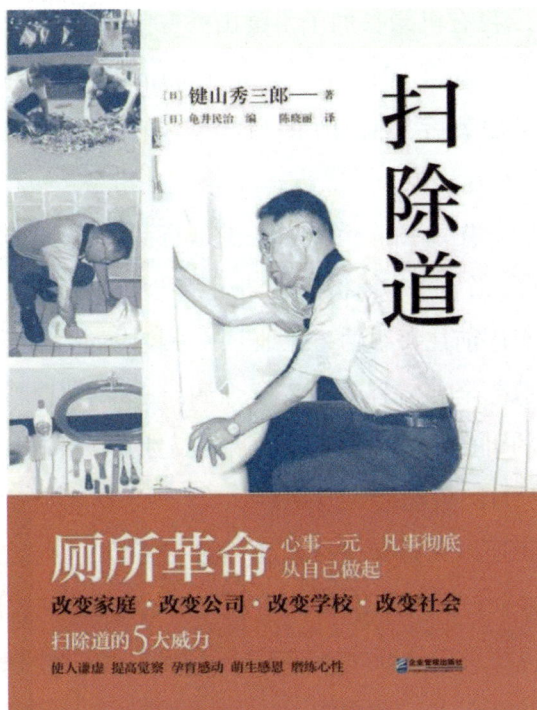

键山秀三郎出版的《扫除道》

之后，随着对日本了解得越来越深入，我发现还有比舛田光洋更早倡导"扫除哲学"的人——键山秀三郎。他 1934 年出生于东京，年幼时因空袭被疏散到乡下，受父母身教而重视扫除道。他为安抚性情暴躁的职员而以身作则打扫厕所，最后形成风气。1993 年成立"清扫学习会"，不久就出版了《扫除道》，并迅速风靡日本。他以"清扫哲学"感召志同道合之人，影响极广，无数企业家及行业精英均自愿参与其中。截至目前，"清扫哲学"在日本已有一百多个分会，海外亦有三个分会。

（二）体证

2017 年初，我有机缘参加了由键山秀三郎先生发起并在全民中倡导的扫除力活动。那是 2017 年 1 月 15 日的清晨，我们换好印有"凡事彻底"的活动服装后，来到了一所学校。当时的心情比较复杂，好奇中夹杂着些许排斥。

活动开始后，先由扫除道专业人士进行活动基础讲解和分组（我们组的成员来自三个国家）。准备就绪后，我们在组长（日本扫除道成员）的带领下有序前往每组的"工地"——校内的男厕所分区。

组长首先示范全部流程。他反复强调：一定要仔细看，记住每一个细节，不懂的可以马上问，因为结果决定我们所付出时间的质量和价值，一定要对自己负责！

一开始，我还以为这就是个流程而已，不以为然。没想到，他后面的讲解让我这个自认为勤劳细致能吃苦的人，都感到震惊！

他先从如何使用工具开始讲解（以一个待清洁的小便池演示）。工具很简单，一块抹布、一块海绵、一块硬毛刷、一滴洗洁剂、一桶水（供全组人使用）。每个步骤的讲解都非常细致，内心的震撼就是从这些细致和出乎意料的讲解开始氤氲开来的……令我完全没有想到的是，原来洗抹布也有标准，并且这个标准是经过科学实验检测的！清扫过程中的次数、节约度、用水量、工具摆放和收纳视觉等，都讲得非常仔细并符合数字化标准。清洁工作完成之后，所有工具都要清洁如初并摆放整齐。整个过程的讲解与演示，实在是不可思议，越看越震撼！这个在生活中看似平凡的事情，在他那里却做得极不平凡！惊叹与敬佩之余，也令人惭愧。难怪美国 CNN 电视台拍摄日本新干线列车清扫全过程后，感叹"这是奇迹的 7 分钟"！美国哈佛大学商学院还从 2014年秋天开始，新开了一门必修课——学习日本新干线的车内清扫流程！整个世界为之哗然。负责欧洲高铁运营的法国国铁总裁自负地说："技术上我们是不会输的！"但当他参观完新干线的服务后，又自嘲地说："这个我们做不到，必须把日本的超级清扫员带回去才行。"

今天我们有了眼见为实的震撼观感！

到具体打扫时，步骤则更是专业细致、精练有序——每人负责两个白色陶瓷的小便池，要求两个小时内必须清洗干净！而且每人只发一桶水（六斤左右），一块小抹布，一个钢丝球，外加几滴洗洁剂。那最终的考核标准是什么呢？就是，小便池倒入干净水后，能用手捧起来亲自饮用！也就是说，不仅表面的脏处（尤其尿碱）要洗刷干净，而且中间下水圆孔的底侧尿碱也要擦拭干净，因为只有这样，倒进去的干净水才能喝！组长告诉我们，这叫"凡事彻底"！他对此解释说："这就是在实践人们常说的'认真'二字。社会上，很多人做事习惯于'将就'，但恰恰是因为'将就'，才让自己的生命凌乱不堪，缺少运气。因此，'凡事彻底'的理念，需从小孩子开始灌输，从小事开始培养。比如，但凡使用的物品，一定要物归原位——了解和学会时刻能够各就各位，不给人添麻烦！当每个人都能做到各就各位的时候，社会必定会文明有序。"

言之有理！

实操开始。

我们按照组长所讲解的流程，开始仔细刷洗小便池。小便池被这个中学的数百个男性用了一学期了，蹲在小便池前，气味熏鼻，每隔几分钟便要走到窗边吸一口新鲜空气。后来，随着清洗渐渐深入，味道逐步减轻。而在这个过程中，人心也逐渐发生了变化——刚开始还有人说话，嘻嘻哈哈地对谈，后来除了打扫和咨询的声音，再也听不到任何言语了……我也从起初的抵触，到慢慢地专注于打扫，再到全神贯注、眼随手行、心外无物，抵触和杂念也一一脱落去……这种无所挂碍的轻松，如醍醐灌顶一般！若非亲力亲为，则无法感同身受。

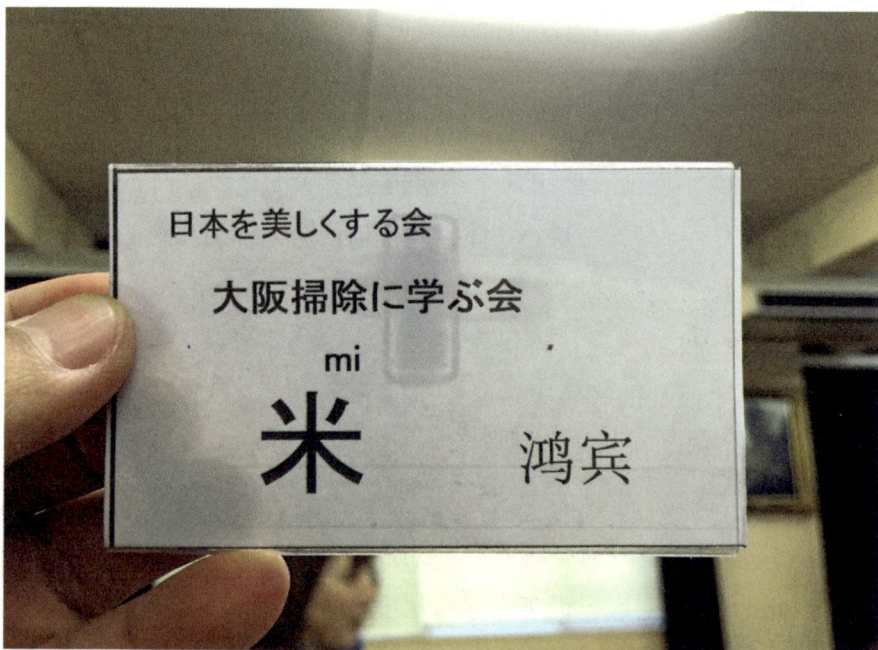

作者参与"大阪扫除会"活动的会员证

当时的气温只有 3 摄氏度，大家的手都冻得通红，但都毫无怨言。最初我们的动作是粗犷、笨拙的，但随着内心的逐渐沉寂，动作也变得流畅柔和了许多，小便池也随之愈发干净明亮起来……我们稍一转头，就能看到左右组员衣服上的"凡事彻底"四个字，它提醒我们要更加专注、努力。

两个小时很快就过去了。大家完成任务的时间都很相似。互相检查"作品"，每个小便池都明亮映人。这可是之前谁都没想到能完成的任务啊！

它也是我有生以来第一次如此精细地打扫厕所便池，而且还不是自家的！

最激动人心的时刻到来了——考核开始。

考官先让每人用干净的水冲洗完小便池两次，然后第三遍冲的水，自己要用手捧起喝一口！你想想，即便清洗得再干净，那也是小便池，心里也抵触呀！这得需要多么强大的心理素质和自信才喝得下去呀？！万一没清洁干净呢？

见证尊严的时刻到了！每个人都得照做。但人人都对自己的劳动成果充满信心。

结果当然是圆满而彻底的，连组长都跟我们一起喝了最后的"检验水"。

总结会上，会长在表扬我们的同时，也强调："因为你们是首次参与体验，所以在同样的前提下，每人只是负责清洁两个小便池，而正常情况下应该是三个小便池……"他的话刚说完，我们不约而同地"啊"了一声！原来，这么辛苦干完的工作，还是减量的！看来下次再参加的话，精神准备要更充足了……这真是太锻炼人的意志力了！

之后，几位扫除道协会的会员跟我们分享了他们在参与"清扫学习会"之后的生命变化——在"污秽的环境中找到自己的问题"。人会变得越来越轻松，烦恼越来越少，精神财富和物质财富也会不可思议地变得越来越饱满！这种身心感受，对于刚刚实践完的我们而言，是深信不疑的。因为，通过刚才的体验，我们每个人的心力，都感觉到强大了无数倍。而这都是参与过程中突破自身原有意志力所导致的！

新人们发言时，大家感受基本一致：几乎都是集中于提高身心修养、磨炼灵魂、砥砺人格，在过程中让自己放下傲慢，学会不被干扰，更专注地做好一件事情……

我也畅谈了自己的体会："深冬时节，两个小时，还只有一桶凉水……如果你不认真，最后喝的就是别人的尿碱水！这让我更加深刻地理解了《庄子》中所讲的'道在屎溺'的深意。即便在厕所这么脏的地方，都有道，都能让人有焕然清明的觉受！天气虽冷，但人心是暖的，精神是升华的，感受是美好的！

而关于'扫除哲学'所强调的彻底扫除能为人们带来好运的理念，早在中国宋代，北宋五子之一的邵雍在《观物洞玄歌》中便有提及：'门户幽爽绝尘埃，必定出高才。'意思是说，当所在环境中连眼睛看不到的'幽'处，都打扫得干干净净、一尘不染时，这种环境一定会出现栋梁之材。这也促进了我对'扫除哲学'中'凡事彻底'与'感恩惜福'的理解。我们不仅要遵守与别人的约定，更要遵守与自己的约定，这也许是最难做到的约定。由此可见，效率与非效率呈现的也是阴和阳的关系。我们作为一个连接过去与未来的载体，要平衡好阴阳。一流的人不需要有人约束，而是自发全神贯注地去做。

当我们能全然地做到'凡事彻底'的时候，事情就必然会朝向伟大而去！而这也正是对台湾严长寿所言'不要想着把事情做大，要想着把事情做伟大'的具体实践。

最后，非常感恩键山秀三郎先生创办的'扫除道'，让我们更深刻地了知'凡事彻底'四个字的无量价值！也祝愿能有更多的人参与其中，拓升生命！"

会长最后的总结，一言以蔽之，就是："无论你做什么，都一定要把'凡事彻底'四个字，当成你生命中的座右铭！这样你一定会比预想的更好……"

他让"凡事彻底"四个字，成为所有行业的"家训"，真是震撼！

我们参与"扫除道"活动时所穿的衣服

也许，有人会问："这么做（喝清洁后的小便池水）是不是有些变态？"我想说："当你对自己的人生不满意，但看到别人的状态又是你所向往的状态时，你就应该尝试去效法，以改变自己现有的状态，这就叫'变态'！并且，这种良性的'变态'，多多益善。"

（三）真谛在行间

在返回的途中，一种从未有过的轻松感弥漫开来，令人思绪如岚。我想，古今中外，真正的智者绝不会令人悬空穷理，而是皆能将智慧落实于行动之中，此之谓知行合一也。因为，没有体证的智慧，便是离经叛道，自欺欺人。

在中国古代哲人的慧见中，有这样一则规律——洁静精微，禄在其中矣。所在环境中的无用物品累积越多（无论新旧和价值大小），很久不整理，也不清扫或清扫不干净，都是怨气产生的重要根源之一，而且时间久了还会导致身体疾病。据《左传·文公五年》所载，宁赢说晋国大夫阳处父是"华而不实，犯而聚怨，不可以定身"。宁赢发现阳处父徒有虚名，言过其行，必招人怨恨，遂离其而去。一年后，阳处父果因说话华而不实被杀。同时期的《荀子·劝学》亦曰："邪秽在身，怨之所构。"怨气本身就是一种邪气和污秽，若在人身上安住，会给人带来不吉祥。而对于"邪秽"一词，明代《剪灯新话·牡丹灯记》解释说："人乃至盛之纯阳，鬼乃幽阴之邪秽，今子与幽阴之魅同处而不知，邪秽之物共宿而不悟，一旦真元耗尽，灾眚来临……可不悲夫！"因而，明代大学者洪应明强调"无怨便是德"（《菜根谭》）。不抱怨，才是有道德的表现和基本的修养。而欲减少怨气，最简便的外在方法就是：好好清洁，整顿环境！

时下风靡全球的"断舍离"与"扫除道"有着异曲同工之妙。在"断舍离"中，"断"，就是对于非必需品，既不购买也不收储；"舍"，就是清除所在环境中的无用之物；"离"，就是远离物质诱惑，消除物执。概括而言，"断舍离"就是帮人们在清除物品的过程当中，训练抉择，提升精神自制力。古人认为：房子如同人身，废物如同体内垃圾，久而久之便与疾病呼应，会持续传递不良影响。而当把它们都代谢掉之后，健康、轻松、喜乐就会不约而同地汇聚而来。当然，除了物化的无用之物需要"断舍离"之外，那些精神垃圾也需要"断舍离"。因为"有无相生"，很多负面的问题，就是因由这些精神困扰而产生的。

由此可见，"扫除道"的魅力，不在其表，而在其理——它能让人在体证中觉醒：人该如何活着？如何才能活得更有价值、更有生机、更良性、更卓越、更盎然？

两千多年前，《国语·晋语》载："君子能勤小物，故无大患。"意思是说，君子因为能将小事做得彻底，所以他就不会有大的危患。这就是"细节决定成败"之理。

古往今来，但凡成大事者，皆是起于毫末之端的。日本著名政治家、战国三杰之一的丰臣秀吉（1537—1598 年），在还是长滨城主之时，有一次猎鹰归来，途中口渴，便到山中的一处寺院讨茶喝。一个小和尚见他满头大汗，就先端上来一大碗凉茶，丰臣秀吉一饮而尽，觉得不过瘾，又要第二碗。小和尚就又端上来一碗微热的茶，丰臣秀吉喝完感觉良好。这时小和尚又端上来一杯刚沏好的茶，香气四溢，丰臣秀吉喝得非常舒服。喝完，出人意料的是：丰臣秀吉当即就把小和尚封为自己的贴身近臣。随从对此很不解。丰臣秀吉说："小和尚前两杯给我的是凉茶，让我解渴；第三杯给我的是热茶，让我好好品尝。这三杯由凉至热的茶，背后都是他细腻的内心！这种人才，不可多得。"果然，小和尚后来成了丰臣秀吉的麾下大将，他就是以忠诚、仁义、足智多谋著称的石田三成——日本丰臣政权最高权力机构"五奉行"的首席元老。

石田三成靠三杯茶发迹的故事，至今在日本仍被津津乐道。

对于石田三成献茶为什么会从凉到热？迄今仍有人不解。

或许下面这个更早的宋代故事，可以解惑。一年仲夏，酷热难当，一书生在山野间赶路，疲累焦渴之际，恰巧见一位妇人从农屋中走出来，他便走向前去，向农妇讨水喝。农妇转身回屋拿了一碗水给他，但当他接过碗后，正欲喝时，却发现水面上浮着些壳糠。于是，他便皱着眉，边喝边吹水面上的壳糠，喝得心里很不畅快。喝完后，他便问农妇为何把壳糠放在水里。农妇答道："你在酷暑之中赶路，体温正处于高涨之时，而酷热焦渴之时喝水，万万不可过急，否则便会呛伤你的肺，严重了则会有性命之忧，所以我便在水中放些壳糠，防止你喝得太快。"书生闻言，心中又羞愧又感激！

《淮南子·说林》曰："得万人之兵，不如闻一言之当。"农妇之言，是不是与此有异曲同工之妙呢？

《扫除道》与《凡事彻底》日文书封面

"凡事彻底"，一次扫除，就是干净自己、鲜活身心的过程，不由得让我想起神秀禅师的名句"时时勤拂拭，勿使惹尘埃"。他老人家脱透身心的境界，更为高远——这也成了我一生追慕的愿望！

这个冬日太怡人！

二、赞美淋浴

不期而遇、不言而喻、不药而愈，是人生最好的三种状态。用这句话来描述我跟加藤光一先生的相识，是非常适宜的。

（一）人生塾

日本是全民学习型的社会，每年人均读书 40 本以上，位居世界前列。因此，书店也是人最多的地方之一。日本茑屋书店还是世界最美的十家书店之一。在此基础上，日本产生了无数学习型组织，且绝大部分是以"塾"来命名。比如松下幸之助创办的"政经塾"（迄今 43 年），稻盛和夫创办的"盛和塾"（迄今 38 年），横井悌一郎创办的"人生塾"（迄今 45 年），等等。

日本的"塾"来源于中国文化，但在中国文化中，"塾"的主要功能在于启蒙教育，多以私塾为主，而涉及成年人的学习，则以书院为载体。迄今为止，中国的书院至少有几千家，我创办的十翼书院便是其中之一。

十多年来，十翼书院在传承和发扬中国优秀文化的同时，也注重与世界多元文化交流互动。因为所有学习组织的共同方向，都是对精进的生命充满愿景和努力，并希望能将其全部有效落实到生命中去。也正是因着这个无形的精神纽带，中国十翼书院与日本人生塾在 2017 年得以缔结精神连理。

2018 年 4 月 14 至 18 日，日本人生塾（LMP）一行十五人，在创始塾长横井悌一郎先生的带领下，率队访问了中国十翼书院湖南分院。此次访问，缘于我之前一年在日本人生塾年终学习会上的发言——对中国传统文化别开生面的解读，强调"所有文化皆为去除无明，开启智慧而来"。我最后还引用了日本山本玄绛禅师的经典之句作为结尾：
"一切诸经，皆不过是敲门砖，是要敲开门，唤出其中的人来，此人即
是你自己。"强调彼此文化传薪之所向，皆以此为旨归。发言得到了众
塾生的强烈认同，随之就成了人生塾访问十翼书院的缘起。

日本人生塾访问十翼书院时的合影

　　来访者皆为日本多个领域的精英，有南部驾校的创始人加藤光一
先生，日本大阪汉方振兴财团理事长中本佳代子女士，著名医学教授
井上正康先生，还有知名匠人、百年老铺舞昆的社长鸿原森藏及其
夫人……

　　在致辞时，我说："文化无国界——我们都是在为人类服务，而
不是为某一特定人群和机构服务，这是十翼书院与人生塾共同的理念，
也是真正的大爱。如果我们几十年来所做的事情跟智慧无关，我们就
失去了爱，那人生也将因此而失去真正的意义。爱会让人有光，如果
我们每个人都有光，这个世界就会亮起来！期待未来我们有更多的光，

各自生发出一隅照国之功。"人生塾的塾生们深受感染，共同的理念瞬间拉近了距离。

而横井先生也为十翼书院的门生介绍了人生塾及其奉行的宗旨：

"我的专业是会计师，继承了家族林业经营。年轻时曾经得了一场大病，当我读了戴尔·卡耐基的《沟通与人际关系》和松下幸之助的《道路无限宽广》（1968年出版，发行逾500万册）后，觉悟到人生应该有积极的人生观。不久，我便进入青年会议所并成为领导。后来又将'人性磨炼和人类的生活'作为人生主题，以大阪为中心，创立了人生塾，即LMP（Life Management Program）。致力于培育更有效地与人沟通的经验、拥有获得更多幸福的能力、成为拥有人间力的领导者等实践方法。并在此基础上，确立了人生塾的核心思想与实践法则：

① 人是一个伟大的存在

人生塾创始人横井悌一郎在致辞

如何接受来自祖先和大自然的无限能量（智慧、爱、行动、能量）？

以钻石的原石为例。

② 习惯创造生活

人创造着日常的习惯——思考习惯、行动习惯以及人际关系习惯。

③ 人会受到周围环境的影响

人是环境动物，所以养成良好的习惯，无论是对于团队的良好社风建设，还是创造良好的社风，都十分重要。

人生塾创立 42 年来，基于以上核心思想和实践原则，结合我从事林业经营的多种方案，借助于管理、沟通、销售等途径，将人生塾的理念与实践方法传递给各地的企业家们，让他们在实践中提升企业经营品质。也正因如此，人生塾的会员中，出现了众多拥有人间力的领导人才。"

为了让我们加深对人生塾的了解，日本南部驾校加藤社长等人，分享了他们在人生塾所获得的珍贵经验，令人十分动容。

人生塾此行还专程拜访了湖南巨星集团——集团董事长蒋棠女士是十翼书院院务委员会主席。集团总经理、"中国专利第一人"邱则有先生为塾生们作了高屋建瓴的介绍，令人生塾来宾们耳目一新，不仅见识了巨星集团数十载的匠心传承，还纷纷提出要与巨星集团在日本展开多元合作。

在送别晚宴中，湖南非遗界的书法、篆刻、古琴、制扇等名家的艺术展示，将此次交流活动推向了高潮。在临别感言中，人生塾每个塾生都表达了发自肺腑的感激之情，不少人还热泪纷纷。他们表示，此行深深改变了他们对中国的印象！希望能够常来中国，也希望下次能到十翼书院的不同院址去做客。

笔者给人生塾来宾讲课的现场。左：中本佳代子女士；中：加藤光一先生；右：井上正康教授

人生塾的此次来访，根植了日后诸多的良缘。而我亲身体验日本南部驾校的"赞美淋浴"，便是其中之一。

那是一段无比美好和令人赞叹的时光！

（二）神奇的"赞美淋浴"

2018 年年底，我专程前往位于日本三重县有着六十年历史的南部驾校（全称：三重县南部自动车学校）见学访问。

社长加藤光一先生早早就在门口等候我了，再次见面非常开心。寒暄之后，我听他分享了南部驾校的"奇迹"。

首先，加藤光一先生介绍了南部驾校目前所获得的荣誉——在日本驾校行业内的几个排名第一：

① 问候第一

②感谢父母第一

③令人感动的驾校第一

④极力赞美的驾校第一

    蜂拥而至的学员和满溢的口碑，引起日本 NHK 电视台多次前来报道，诸多国外媒体也竞相采访，导致日本全国驾校都在争相效仿他们，每年有大量的国内外见学者前来。

    加藤光一说："我们之所以能够走到今天，企业经营的秘密就在于与众不同的管理和教育方法，其核心就是'极力赞美'。它已经成为享誉日本的品牌。

    这是在什么背景下做到的呢？

日本三重县南部驾校正门

这就要从我的健康问题开始讲起。我在多年前，查出有晚期淋巴癌，医生说治愈率只有 50%，如果不能治愈，我的寿命就只剩下半年时间了。听到这个结果，我很震惊，但并没有气馁！我选择了与命运抗争——如果我是不能治愈的话，在这仅有的半年时间内，我会做什么。思考完，我就下定决心，用半年的时间锻炼身体和学习英语。其中，后者是我一直以来的梦想。

有了这样的决心，我就专心锻炼和学习，没想到真的出现奇迹了，上天眷顾了我！我成为幸运的那一半——我的癌症治愈了！并且，我的外语水平也突飞猛进，这让我非常开心。

我也因为这场病，获得了人生最大的收获——人只要受到激励，就会创造奇迹！

于是，病愈之后的我，发誓要创造更多的奇迹。

说到做到，我就从自己从事的行业开始努力……

日本南部驾校的练习车

我所从事的驾校事业，之前经营得并不理想，主要原因在于——全行业的'辱骂教学'风气（我也犯过同样错误）。这个风气导致的后果很严重：在全日本指定驾校毕业的人数，1993 年是 250 万，到 2012 年则暴跌至 158 万。在这 20 年间，全日本共有 191 所驾校关闭了（据日本警察厅数据）。

病愈之后，我去美国夏威夷旅行，偶然发现当地滑雪教练的赞美教学法，令我十分感动，这正是我所需要的！我心中暗想，一定要把这种教学法带入南部驾校！

回国后，我查阅日本是否有赞美协会，没想到，机遇来得实在是太令人激动——2010 年 2 月，日本的西村贵好为了改善社会风气，激励人的创造力，让赞美之风去除心里抵触，呈现更多的和谐价值，便针对全体国民，创办了'日本赞美达人协会'。这个协会创办的初衷是缘于日本 21 世纪初期的高自杀率，最多时竟达到一年近两万人之多！他们自杀的原因，主要来自父母的辱骂！无论是谁，都不希望被批评、被诋毁、被辱骂、被歧视，相反都希望被鼓励、被认可、被赞美、被重视……于是，西村贵好就创办了这个协会，受到了广泛赞誉。

我十分开心，马上参加了这个协会的系统学习，并且还考取了赞美达人三级证书（全国约有 5 万人获得）。考试等级分为四级，最高等级为一级。

以上这些经历对我的影响太大了！我不顾众人的反对，将这种赞美之风带入南部驾校的工作中，让南部驾校成为一所充满爱的驾校。员工们每天早上都会用发自内心的极力赞美来浇灌身心，工作起来越来越富有干劲和活力。渐渐地，他们的潜力就被一点一点激发出来，企业也因此焕然一新！我将这种工作方法称为南部驾校的'成功神器'！

这个'成功神器'具体包含：

① 极力赞美

② 内心记忆

③ 感谢父母

其中，第一条，极力赞美别人时，一定要有笑容。为此，我把驾校的上班打卡改为了'笑颜打卡'——员工上班前，为了打卡成功，每个人都必须对着'笑容测定器'（Smile Scan）展示你最灿烂的笑容，只有笑容测验达到 90 分以上才会打卡通过！而微笑则不会打卡成功，因为只有笑容洋溢的状态，才能展示更饱满的诚意，才能更加打动别人。

这个'笑颜打卡'，让每个员工都学会了笑着工作——微笑赞美，感动所有！同时，伴随笑颜工作的是全员采用'分离礼'而不采用'同时礼'（注：'分离礼'，是指言语与动作分离，这样会更庄严，更

加藤光一社长在欢喜地分享

尊重。如，说'你好'时，先说完，后鞠躬。而'同时礼'，则是言语与动作统一完成）。

这些，成为南部驾校成功的第一步！

光有笑容还不行，还要有令人感动的服务，要给所有学员的内心留下美好记忆。于是，就有了'赞美淋浴'！

因为赞美与教育是紧密相连的，特别适合培养人才！所以，员工们上班后，在早会上，除了发表成功事例之外，还要相互真诚赞美1分钟。赞美的内容涉及方方面面，诸如服饰、行为、状态、语言、气场、工作、学习力等等，包罗万象。不过，在赞美中有时也委婉地指出对方错误。这样的赞美训练，不断重复，直至数月后，员工就会自然而然地进入极力赞美的状态中！最后，南部驾校所有员工都考取了赞美达人三级及以上级别的证书！

这就是从教法到证法——每个人都是未经打磨的钻石原石，南部驾校就是要将钻石打磨成材！

不仅如此，为了更加深化感动和赞美别人的细节，我还设定了一个'感动21'（21个科目可以感动）的必备须知，落实在企业的方方面面，为员工补充学习心理学知识。这些举措使得我们南部驾校这种激励赞美的理念，很快就在日本名声大振。

媒体到南部驾校采访时，非常惊叹。他们看到了教练对学员进行的各种各样的赞美和激励（不放过任何细节）。那些往昔令人讨厌的面孔，也全部变成了温柔达人，而学员们在他们的赞美淋浴中，个个变得神采焕发。

在教学中，我们的教练大展身手，技能全开，疯狂输出赞美。比如，夸赞学员：'今天的精神不错哎！''这套休闲衣特别适合开车！''动作太标准了！'即使学员开车出现了剐蹭，教练都会说：'幸好你加倍小心了，才没有造成更坏的结果，真棒，继续努力！'训练结束后，教练也会夸赞学员对车子越来越有感觉了，加油！……不一而足。每个学员听到赞美之后，都不会觉得虚伪，因为教练的赞美是真诚的，使得学员对教练有了更快的信任和接受。二人同心，其利断金。在这种情况下，学习就成了快乐的事情！

除此之外，我们的教练也不失时机地让学员养成良好的驾车习惯和安全意识。比如，十字路口停车等待时，若学员没回头观看路况，那就是不合格；打转向灯之前，如果学员不看后视镜，也要扣分；弯道开车遇到打漂以及有轻微滑入对方车道的倾向，也要扣分……急救课程也要达到救援队的标准。对于这些情况，南部驾校的担当制度，起到了良好的作用——每个学员从入学到毕业，均由同一个教练负责，学员拿到驾照后，三个月内还继续提供免费指导。

在这种精神纽带的连接下，学员对教练产生了深厚而真挚的感情，他们不仅记住了南部驾校的美好，也因此记住了三重县的美好！有的学员因为获得的感动这辈子都忘不了，甚至还把三重县当成了第二故乡。更有一些学员，在南部驾校学车期间，自身的感情症结竟被我们的赞美淋浴直接治愈了……

而最令学员感动的，就是充满感泪的毕业礼了（哪怕只有一个人，也都会举办）。毕业礼是在教室举行的，教室熄灯后，伴随着背景音乐，屏幕上播放的是学员们三个月来一张张学习场景的照片，点点滴滴，慢慢回溯到心中，也不知道是当初的哪一个温暖场景，或者教练哪一句触动心弦的话，突然出现后，那种惊讶和感动，便会触动学员当场啜泣或放声大哭……

毕业礼的高潮在最后。最后播放的就是学员的父母写给他们的信（学员在此之前不知道），此时每个学员都非常惊讶！尤其当看到信中父母或赞美、或鼓励的话语后，再加上屏幕中教练温柔的嘱咐，'一定要感谢父母、孝顺父母'时，这意外的巨大精神冲击，使学员们几乎都流泪不已，甚至还有的与教练相拥、大哭……整个场景非常令人刻骨铭心！

最后，举行毕业礼的教室灯亮了，随之而来的是：所有教练都涌现出来，分别去祝福每一个学员……空气中洋溢着满满的感动与不舍！

加藤光一社长在分享南部驾校"感动的毕业式"

那个场景，谁在现场都会被感染到。

在这里，我要特别强调一下，为什么要设有感谢父母的环节。

这是因为：子女一旦开车出事，家长就会很伤心。因此，为了学员的父母，我们也要想尽一切办法提升教课水平。学员在入学时，教练就会打电话给他们的父母（入学填表时需填写父母电话），事先沟通好，让父母给孩子写信，信件会在子女的学车毕业式上使用（父母写信这件事，对学员是全程保密的）。而在学习期间，教练也会把学员的学习情况跟父母及时汇报。

这个细节，不仅增强了学员跟父母的感情，也让学员与教练成了好友，以至于在教练结婚、生子、生病乃至去世等重大事件中，往往都有学员们的身影出现。而那些实在无法到场参加的，则会用信件、发电报等方式表示情感。

这些，都是爱的传递！

我的'成功神器'，让南部驾校受益良多——不仅教学时间得到了高效的利用，并且还通过'赞美淋浴'，提高了员工的自身修养，提升了南部驾校的品质，更让学员在日后的驾车中减少了事故。

要知道，在日本，出现严重交通肇事后，是要追究驾校及教练责任的。而我们南部驾校的担当制度则起到了很好的预防效用。学员有了自己的专属教练后，便会在学习中将'安全第一、力争无事故、无违章、不给老师抹黑'的理念牢记在心，并贯彻在行动中。截至目前，我们南部驾校的毕业生们，没有一个人出现过重大交通事故。这是同业中唯一的纪录，非常难得！到 2018 年为止，我们学员的事故率大幅下降，仅为 0.5%，而合格率上升至 89.9%，而且还在节节攀升。还有很多学员开心地拿到了金牌驾照（颜色是金色的，五年内无违章记录才可以拿到）……这些成绩，都是我们南部驾校使用自己的'成功神器'去关心每一位学员所获得的成果。

学员们在南部驾校的种种难忘经历，给我们带来了赞不绝口的口碑，以至于日本很多考驾照的人，都从东京、大阪等很远的地方来到偏僻的三重县南部驾校学习。非常令人感动。

在日本，75 岁以上老人仍然可以开车，但需要每年换一次驾照，要经过适能考试。由于地点原因，我们这里来的老人很少，以年轻人居多。年轻人基本是为了找一个好工作才考驾照的，因此，我们南部驾校这种'赞美淋浴'的工作方式，所带来的精神愉悦，能让他们的未来更加顺利。

每年，我们南部驾校还有善声大赏——感谢信评奖！在我们校舍的看板上，都是极力的赞美之语，它们是南部驾校最具影响力的口碑宣传。

　　品牌是证明企业跟客人的约定，它能够激励人们做得更好！我们南部驾校的成功，使得日本全国的驾校质量都得到了提升，以至于日本交通事故率在 2018 年达到了七十年来的最低点，交通事故死亡率高发的惨痛局面已一去不复返。

　　现在，我们也有中国人在参与管理和教练工作，我身边这两位助理就是中国人。我们也会大力开发中国市场，争取早日开辟中文授课。

　　我讲得已经很详细了，还是让我们以行动来让自己体验一下'赞美淋浴'吧！"

　　在我们人生初次实践的"赞美淋浴"中，加藤光一社长结束了如沐春风般的精彩分享。

　　我跟加藤光一社长说："您的分享让我大开眼界！我要把'赞美淋浴'贯彻到十翼书院的教学中去。"没想到，他马上说："我也要把十翼书院课前的'四揖礼'带到我们南部驾校来！"

　　哈哈，我们相拥而贺。

　　爱尔兰剧作家萧伯纳曾说："倘若你有一个苹果，我有一个苹果，而我们彼此交换苹果，那么我们仍然各有一个苹果。但是，倘若你有一种思想，我有一种思想，而我们彼此交流这些思想，那么我们每人将各有两种思想。"是的，思想多了，见地丰富了，人生的饱满度就会不断丰沛，直至绽放生命……而这，正是"读万卷书，行万里路"的益处所在！

2019 年作者率十翼书院门生到南部驾校见学时的欢迎牌

　　随后，加藤光一社长还专门带我去体验南部驾校的"笑容测定器"（Smile Scan）——尽管我自认为绽放了最大限度的笑容，但却重复了好多次才达到 90 分的通过率……看来，能做到笑意通关，绝非是一时之功啊。

　　对人生而言，笑就是喜神，笑就是生命的光辉，它能给人生带来诸多意想不到的好运。我们一定要成为一个笑意盈盈的人。

　　问问自己：今天，笑了吗？

（三）赞美与担当

1. 赞美的生机

　　赞美他人会生发欢喜的气氛。松下幸之助先生就认为"运势与讨喜的气质"是经营活动中必不可少的。松下幸之助将"具有讨喜气质"定为选拔人才的重要标准。有讨喜的气质，才能获得他人帮助。

对此，网络所载的美国著名人格心理学家沃尔特·米歇尔的一个试验，更能说明其中的道理：他曾经用一个班级的学生做了一个实验。将全班学生分为三组。在一周内，一组学生因为他们之前的表现而不断给予表扬，另一组总是被批评，第三组则一直被忽视。结果显示，被表扬的学生明显地提高了分数，被批评的学生的成绩也有所提升，而被忽视的那组学生的分数几乎没有变化。

这个结果证明：赞美的力量是明显胜过批评的，并且它能创造更大的价值，包括活力、快乐、昂扬、和谐、好运等等。而这些，我们从南部驾校"赞美淋浴"的成功中，均得以领略，并赞叹不已。

"仅靠一句赞美，我就能很好地生活两个月。"美国现实主义批判文学的奠基人马克·吐温如是说。可见，赞美所给予人的活力是远远超乎想象的！

赞美别人，既会让自己的生命美好，也会让他人的生命更具活力，洋溢更丰沛的幸福。前面提及的被誉为"永续光辉的企业"、有着八十多年历史的日本理化学工业株式会社，其社训为："创造幸福感"，具体阐释就是"被爱，被赞赏，被需要，对他人有所贡献"，以至于残疾工作者在退休后都纷纷主动到企业做义工，从事接待讲解工作，继续绽放令人意想不到的活力。

一个人，总念人坏处，就是坏人；一个人，总念人好处，就是好人。经常饱含真诚地去赞美别人，时间久了，生命中的美好就会越来越多，这叫"同气相求"。

要知道，一句谢谢，一句感恩，若是重复，便是教法；若是体悟，便是证法。

而能做到教证合一，才是真正值得信赖的人！

2. 担当的价值

南部驾校的担当制度，有情有义，十分成功，既塑造了自己，也成就了员工，其所生发出的美美与共的价值，无法言喻！

这种担当精神，在唐代大诗人李白的身上，就有着超越常人的展现。当年，李白与朋友吴指南相约结伴同游。未承想，走到洞庭湖附近时，吴指南突然发病死去，这意外的打击让李白措手不及，哭得异常伤心，眼睛都哭出血来。由于担心朋友的尸体会被饿虎吃掉，在没有工具的情况下，李白用手刨土，以至于手指上的肉都磨掉了，露出白骨来，但他仍坚持挖完土坑，把朋友的尸体深埋在洞庭湖湖边。然后，李白独自去了庐山，并在那里写下了闻名于世、脍炙人口的名作——《望庐山瀑布》："日照香炉生紫烟，遥看瀑布挂前川。飞流直下三千尺，疑是银河落九天。"

转眼，到了第二年，李白游历结束后，返程时又回到埋葬友人的地方，将其尸骨挖出后，在洞庭湖边，用睡袋裹尸，将烂肉冲洗干净，然后"相抱还乡"，以告慰友人的亡灵。

李白这种义举，感人至深，其情其义，远胜其诗！

也正是李白的这种担当精神和大爱情怀，才有了他那一首首脍炙人口的传世诗歌！

无独有偶。元代"文学之冠"元好问，也与李白有着君子千里同风之义，同样值得我们钦佩。

元好问16岁那年，去并州参加科举考试。途中听一捕雁者说："今天早上捕到一只大雁，被我杀了。可另外一只脱网而逃的大雁，却在空中悲鸣盘旋，久久不愿离去，最后竟然从空中直冲下来撞向同伴尸体旁边的地上而亡。"元好问听闻后，非常讶异，心中久久不能平静……默立许久之后，便用身上仅有的钱，将两只大雁买了下来，把它们葬在城外汾水之滨，并垒上石头作为记号，题为"雁丘"（大雁之坟）。安顿完之后，元好问有感于大雁的情义，随手便写下了人们耳熟能详的传世名句——"问世间，情为何物，直教生死相许……"

从以上李白与元好问的两则故事中可以看出：他们除了有文化、有学识之外，更有饱具情义的担当精神，从而让生命可歌可泣，动人于千年万里之外……

谁见金银传万代，千古只贵一片情！

不期而遇，不言而喻，不药而愈……在赞美中创造生机，在担当中昂扬矗立。

加藤光一社长与作者在十翼书院（长沙分院）的合影

感恩加藤光一先生带给世界这么多的美好！

在我的心中，南部驾校已经不只是一个企业，它是社会的幸福孵化器！

三、成长第一

宋代是中国文化和经济的巅峰时期。当年，宰相章惇向宋哲宗进呈新修订的法令。宋哲宗听到有些法令是元祐时期颁布的，大惑不解："难道元祐敕令也有可取的吗？"章惇答道："取其善者！"哲宗闻之欣然。这一句"取其善者"凸显了章惇作为一个大政治家的格局。

所谓"取其善者"，就是"取好用之"；而"取好用之"一直是日本的强国战略，也是他们的制胜法宝，更是日本人广为汲取世界优秀文化和先进科技等的动力引擎。

对于文化之于日本的大用，深圳正威集团创始人之一的刘结红女士有一句非常经典的话，她说："日本科技与人文并举！没有科技会被打垮，而没有人文会不打自垮。"

一语中的！

作为日本企业长寿之源的家训，很多都与中国文化有关。但在了解过程中，我们会发现：中国文化很多精髓，"你弃之如敝屣，他待之若珠玉"，久而久之，生命见地就出现了分水岭。

而家训在推动家族教育、传承企业信仰的同时，也为世界带来了另一个令人侧目的奇迹，那就是：恪守家训的企业家，普遍长寿！

足见，精神的高度与生命的质量，有着密切的关联！

家训作为家族意愿的权力象征，深深地影响着日本企业。而我们从本书中也可以发现日本家训传承中的体系差异。具体可分为三种：直接血缘关系继承人，非直接血缘关系继承人，无血缘关系继承人。

其中，直接血缘关系继承人的企业以"小丸屋""舞昆""大师堂""菊冈汉方""栃本天海堂""兄弟工业"等为代表；非直接血缘关系继承人的企业则以"永乐屋""西尾八桥"等为代表；而无血缘关系继承人的企业则最为普遍，以"秋山木工""大和房屋"等为代表。但无论是哪一种传承体系，都是将家训作为长期导向而贯穿于企业精神生命之中的——不仅涵盖了经济目标与非经济目标，宏观与微观等的企业导向，甚至跨越了市场化水平高低的藩篱。

对于家训，虽有人认为道理很简单，甚至一目了然，但现实情况是：理上开悟并不难，难的是开悟以后自身智慧的如实成长！东晋葛洪在《抱朴子》中说："非长生难也，闻道难也；非闻道难也，行之难也；非行之难也，终之难也。"由此可见，走近未必走进，知道未必做到。

宋代罗大经更是强调："绘雪者不能绘其清，绘月者不能绘其明，绘花者不能绘其馨，绘泉者不能绘其声，绘人者不能绘其情。然则言语文字，固不足以尽道也。"（《黔南会灯录》）

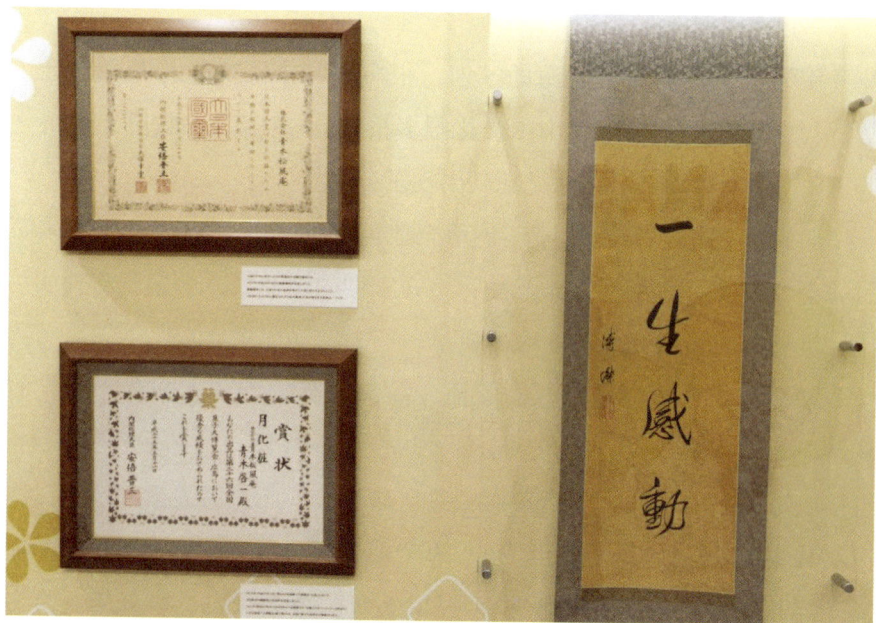

创始人青木启一先生九十年代从北京所购"一生感动"卷轴，作为企业宗旨

古往今来，真谛在行间，不在唇间！

日本大阪生产和果子（点心）的青木松风庵（1084年创立），以其"月化妆"品牌闻名于日本。该企业最动人之处，就是创始人青木启一与他的儿子青木一郎，一起在管理运营中持续倡导"五感"（视觉感受、味觉感受、嗅觉感受、听觉感受、触觉感受）艺术盛宴，尤其是青木启一先生特别强调，还有未写上去的第六感——以客人感动为宗旨，做让人"一生感动"的事情！

青木松风庵两代传承人与作者

其中，视觉感受不仅仅包括食品的外观，还有温馨美妍的企业形象——尤其是人见人爱的紫色——青木一郎说："这是源于生产和果子时所用紫小豆在搅拌成浆时的颜色。"听完解释，都有垂涎欲滴的感觉……让我想起了"道法自然"四个字。

第三章　中国文化的魅力——并蒂花开

山川异域，风月同天。

——【日】长屋王

第一节　你来

　　有文字记载，或有实物印证，纪事真实可信的历史称为"信史"。依照这个标准，中国文化至少已有三千五百多年的信史传承了。自古以来，世界上的国家虽然很多，但若按文化的传承来划分，则可以分为三类：第一是，有古无今，比如今天的土耳其、埃及，他们只剩下古代文明的记载，却没有传承下来；第二是，无古有今，比如美国，只有二百多年的历史，没有古代史与文化传承；第三是，有古有今，比如中国。世界上曾有过22个文明体，但只有中华文明的传承没有断流。在数千年的历史长河中，中华文明不断地滋养和丰富着世界文明。这其中，就包括了日本。

　　日本从中国全方位汲取文化养分的规模性官方行为，是从遣隋使开始的——据《日本书纪》载，遣隋使是日本首位女天皇推古天皇派遣到中国隋朝的使节团。当时日本圣德太子摄政，曾五次遣使入隋都洛阳，学习中国优秀文化。所派使节团的官员有正使、副使、判官、录事等。使团成员除约半数的舵师、水手之外，还有主神、卜部、阴阳师、医师、画师、乐师、译语、史生、僧人以及造舶都匠、船师、木工、铸工、锻工、玉工等各种行业工匠。其次数之多、规模之大、时间之久、内容之丰富，可谓中日文化交流史上的盛举。

　　因缘不可思议。《入唐求法巡礼行记》是日本天台宗僧人圆仁禅师，于四十一岁时，作为日本朝廷"请益僧"随遣唐使团来到中国后，长达九年多的中国见闻及经历。书中不仅记载了古代日本僧人顽强求学的不懈精神，还写有当时唐代首都长安寺院中所寄住的来自印度、朝鲜、日本的僧人的情况，以及圆仁的中国友人、朝鲜友人对他的帮助。这本僧人日记是一千多年前中日人文国际交流及睦邻友好往来的缩影。而关于圆仁禅师所请益回来的内容，日本《平安遗文》（研究日本平安时代的史料）中有《入唐求法目录》与《入唐新求圣教目录》，其中专门记载了"汉籍"（中国书籍）与"汉方药"（中药）等重宝。尤为值得一提的是，圆仁禅师回到日本后，在临终前的遗嘱里专门提到：自己渡唐求法时曾祈求山东威海的赤山大明神的加护，如能求法成功顺利回到日本，将为赤山大明神建造禅院，请有道心者替自己满了这个愿。二十多年后，天台宗僧人安慧于日本仁和四年（888 年）替圆仁禅师满了这个愿。于是，就有了今日京都的千年古刹——赤山禅院（院内的主要建筑物上还有中国佛教协会前会长赵朴初的题字），为中日文化交流的美好历史书写了亮丽的一笔。

日本史学界认为，从六世纪末到七世纪初，中国隋朝对亚洲的影响是巨大的——亚洲各国因着隋朝的综合影响而迈进了一个新时代。尤其是六世纪初佛教传入日本，促使古代日本发生重大变化，主要表现于两个方面：一是汉译佛教典籍的传入；二是汉字的逐步普及。佛教作为一种外来文化，已成为部分统治者的主导思想——公元 587 年，用明天皇病重时，诏群臣曰："朕欲归三宝，卿等议之。"（《日本书纪》）从中可见佛教影响着大政方针以及民众的信仰。日本推古天皇时期，据《日本书纪》载："（推古）二年春二月丙寅朔，诏皇太子及大臣，令兴隆三宝。"国家正式接纳佛教。从而，"是时，诸臣连等，各为君亲之恩，竞造佛舍"。崇佛之风非常荣盛。

遣隋使之后的遣唐使（有十几次），令日本获益更大——七世纪后半叶，在遣唐史的建议下，国名改为日本，意为"靠近太阳升起的地方"（日本史中亦称"日之国"）。遣唐使中最具代表性的人物就是空海大师（又名弘法大师）。

空海大师，法号遍照金刚，生于公元774年，卒于公元835年（日本平安时代）。他于十九岁时，因遇到一名僧侣授予"虚空藏菩萨求闻持法"，而放弃已就读一年的大学明经科（明经科和进士科是中国科举考试的内容，其中明经科主要测试考生记诵儒家经典的能力），加入山岳修行的行列。公元804年，他与最澄法师随日本遣唐使入唐求法，抵唐之后，初住西明寺。空海遍访各地高僧，又随昙贞交流悉昙梵语。翌年，于青龙寺东塔院从惠果法师受胎藏界和金刚界曼荼罗法，并受传法阿阇黎的灌顶，同时接受了"遍照金刚"的密号，成为正统密教第八代传人。同年十二月，惠果法师示寂，空海奉唐宪宗之命为其撰写碑文。公元806年，空海大师携带佛典、法物、中药、建筑史料以及大量文学和书法作品（如《刘希夷集》《王昌龄集》《朱千乘诗》《贞元英杰六言诗》《杂诗集》《杂文》《王智章诗》《诏敕》）等回国，并撰《请来目录》，记载从中国带回内容的目录。尤其是回到日本后，空海大师创立了佛教真言宗（即"东密"），对日本佛教发展产生了重大影响。其递经四朝，皆为国师，并为天皇开坛灌顶，为国建坛修法五十一度，并以高野山金刚峰寺与东寺为真言宗根本道场，前后接受其灌顶者数万人。自此，日本真言宗开始鼎盛。

同时，空海大师在借鉴汉字草书的基础上，创立了日文平假名，编著了日本历史上第一部汉文辞书——《篆隶万象名义》（共三十卷），对中国文化在日本的传播起到了重要作用。至今，日本知识分子人均掌握汉字有1800个左右。书法在日本也很普及——知名报纸《朝日新闻》四个字，是从唐代欧阳询的书法作品中集取而来。日本小孩子从小就学习书道（书法），这对汉字的推广，起到了重要的作用。2017年夏天，我在日本大阪府富田林市立第三中学校（初中）参观学生的书道课。学生们手握毛笔，恭恭敬敬认真临摹书帖的身姿至今还萦绕在我眼前。除中国外，世界上如此热爱并普及中国传统书法的国家，恐怕也只有日本了。足见中国书法对日本影响之大。

空海大师还编著有《文镜秘府论》。该书不仅促进了日本对中国文化的理解和吸收，更是了解汉唐中国文学和语言学的重要文献。该书迄今仍有大量版本、抄本和注疏传世。

空海大师还是一位杰出的书法家，与嵯峨天皇、橘逸势并称日本"三书圣"。不仅如此，空海大师还创办了日本历史上第一所国民公学；同时，将唐代先进的采矿、筑路、水利、架桥等技术引入日本，并亲自参与兴修水利等工程……成果之丰，千载之下仍令人高山仰止！

遣隋使和遣唐使的出现，使得之后来中国学习中国文化的日本人士不断增多，极大地促进了日本对中国文化的汲取。南宋时期，中国高僧无准师范禅师的日本弟子圣一国师便是其中一位。

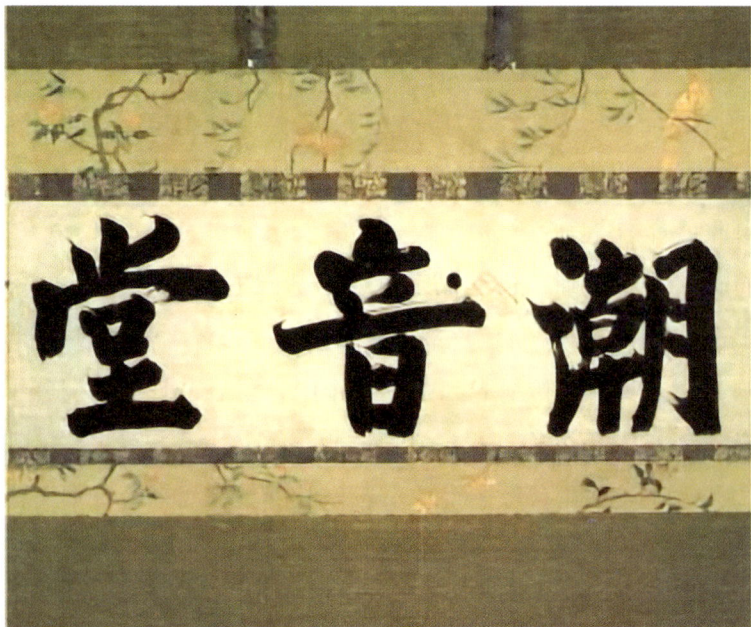

中国南宋高僧无准禅师为其日本弟子圣一国师所住持的承天寺题写的匾额，
现收藏于日本山形县鹤冈市致道博物馆

圣一国师，日本镰仓时代高僧、静冈茶之始祖。公元 1208 年生于静冈市，幼名龙千丸，早年出家，名圆尔辩圆。1235 年拜中国禅宗临济宗高僧无准师范禅师门下。1241 年携佛门诸宗教典、儒书、《易》书、医药书籍千余卷返日弘法。辩圆不仅主持有多家寺院，还对日本佛教发展以及弘扬中国古代建筑技术与风格，发挥了重要影响。日本佛教公赞其为"圣一和尚"（圣人第一者）。1255 年，辩圆创建了东福寺，花园天皇赐国师之号。

弘法大师与圣一国师等僧人，不但自己学习中国文化，还邀请中国的僧人与高士去日本弘传衣钵，极大地促进了中日文化的交流。

第二节　我往

"山川异域，风月同天。"——日本长屋王。

这则 2020 年春天在中国广为流传的日本诗句，是说，虽不在同一地，未能共享同一片山川，但抬头所见却是同一轮明月。这句话曾绣于日本长屋亲王赠送大唐的千件袈裟上——在 1300 年前，崇敬佛法的日本长屋王命人造千件袈裟，布施给唐朝僧众。袈裟上绣有四句偈语："山川异域，风月同天。寄诸佛子，共结来缘。"

原文载于《唐大和上东征传》："日本国长屋王崇敬佛法，造千袈裟，来施此国大德众僧，其袈裟缘上绣着四句曰：'山川异域，风月同天。寄诸佛子，共结来缘。'以此思量，诚是佛法兴隆，有缘之国也。今我同法众中，谁有应此远请，向日本国传法者乎？"

后来，得知此事的唐代鉴真大师，被此偈深深打动，加之日本僧人多次诚邀，他遂下定决心东渡弘法。后来，"鉴真东渡"，成为中日文化交流的重要事件。

1200 年前，鉴真大师在双目失明、且已 66 岁高龄的情况下，毅然发起第六次东渡，终于到达日本，受到朝野上下的热烈欢迎，十分轰动！当时的孝谦天皇颁诏，封其为"传灯大法师"。不久，他就为日本天皇、皇后、太子等人授菩萨戒，同时为沙弥证修等 440 余人授戒……他成了全日本唯一让天皇太子受戒的和尚！自此，日本始有正式的律宗传承，而鉴真大师亦被尊为日本律宗初祖。公元 756 年，孝谦天皇任命他为大僧都，统理日本僧佛事务。由于日本佛典早期从朝鲜传入时多由口授、手抄而来，错谬在所难免。为此，天皇委托鉴真大师校正经疏错误（《续日本纪》）。公元 759 年，鉴真大师及其弟子苦心设计，营建了唐招提寺，此后即在该寺传律授戒。鉴真大师在营造、壁画、塑像等方面，为日本带去了唐代最先进的工艺，使日本天平时代的艺术水平异彩纷呈，达到了新高峰。如今，奈良保存完好的唐招提寺建筑群，便是鉴真大师及其弟子留下的杰作。这个标准的唐代建筑群，是日本现存天平时代最大最美的建筑，也是日本建筑史上的国宝。鉴真大师在去世前，弟子们还采用最新技艺为他制作了一座写真坐像"尊漆夹"，亦被日本奉为国宝。鉴真大师去世后，日本民众尊其为"天平之甍"，足见尊崇之高！

此外，鉴真大师虽为僧人，但却精通医术，他对日本文化的突出贡献之一，就是中医的传授。据日本《本草医谈》载，当时日本人但凡对药物有不了解之处，便去请鉴真大师加以辨正。鉴真大师在双目失明的情况下，用鼻子一闻，即可辨别药草种类及真假，且无一错误。再加上他不仅大力弘扬中国汉代医圣张仲景的《伤寒杂病论》，并且还著有《鉴上人秘方》一卷（日本藤原佐世《日本国现在书目录》），这些都成了鉴真大师留给日本医学的宝贵遗产，而他也因此被日本誉为"汉方医药之祖"。直至1900年，日本所有汉方药外包装都是以鉴真大师头像为标志的。

除中医药之外，鉴真大师所带去日本的香料药物等，其遗迹至今仍在奈良唐招提寺及东大寺正仓院有所保存。并且日本的豆腐业、饮食业、酿造业等行业技艺，亦与其传授有密切关系。鉴真大师身在异域所做的贡献，就是一隅照国的典范！

自鉴真大师开始，中日医学文化的交流与融合，不断得到深入。

日本现存最早的中医养生疗疾名典，是被列为日本国宝的《医心方》，该书由日本丹波康赖于公元984年编著而成。书中汇集了久已失传的中国医药养生典籍近二百余种之精华，其中，多达九十五种药方均来自中国龙门石窟药方洞，成为中日医学交流史上的一座丰碑。

但还有一件鲜为人知的医学交流盛举，值得我们知悉，那就是中国的"补唇术"对日本发明"麻醉药"的启发：

中国《隋书·琉球传》最早记载了"琉球"一词。历代琉球王国与中国政府都有着"朝贡"与"册封"的关系，两国间的外交与贸易往来频繁。琉球王国受中国文化影响很大，福建文化对其影响尤巨，其中除了风俗习惯外，还有中国医学的传播。据《日本医学史杂志》记载：1653年出生的魏士哲（琉球名：高岭德明），10岁时到了福州，读了三年书之后，又回到琉球王国，琉球王赏他为"闽人三十六姓"，并赏他汉姓"魏"，留在王府做翻译。1688年，魏士哲作为进贡使团的"通事"（翻译）再次去往福州，住在琉球会馆（南公园附近）。当时，琉球国尚贞王朝有件十分尴尬之事——未来继承琉球国王位的尚贞王之孙尚益是兔唇！

为了能给王孙治疗兔唇，魏士哲去往福州，找潭尾街闻名遐迩、祖传补唇术的医生黄会友（上杭人）。他上门拜见了黄会友医生，讲明琉球王朝情况以及欲拜师学习补唇医术好给琉球国王孙治疗的心愿。黄会友在考验其半年多后，被其真诚所感，遂收下了这个异域弟子。黄会友让魏士哲住在自己家，仅用20天时间，就将祖传补唇秘术悉数教给了魏士哲——其核心是如何使用"曼陀罗花、生草乌、全当归、香白芷、川芎、炒南星"进行麻醉！临别时，黄会友还送给魏士哲一本祖传医学秘籍。1689年魏士哲回到了琉球王国，用黄会友所传医术成功治愈了琉球王孙等5人的兔唇！此事很快就成为琉球医史上轰动的大事。

不久，此事传到了当时辖管琉球王国的鹿儿岛。而魏士哲在黄会友那里所学到的医术也传到了鹿儿岛，之后又传到了京都。时隔115年，日本江户时代末期著名汉医学者、外科学家、无痛手术的发明者华冈青洲辗转学到了此术，并在和歌山上种植了用于麻醉的六种草药。1804年10月13日，华冈青洲用魏士哲所传医方，成功完成了全身麻醉的外科手术，成为世界麻醉史上的先例（美国华盛顿医学图书馆亦载），他也因此成为日本"麻醉之祖"。

黄会友所传神奇的中药麻醉方法，早在两千多年前的中国文献中即有医案记载。据《列子·汤问》载："鲁公扈、赵齐婴二人有疾，同请扁鹊求治……扁鹊遂饮二人毒酒，迷死三日；剖胸探心，易而置之，投以神药，既悟如初。二人辞归。"该文献详细记载了神医扁鹊为鲁公扈和赵齐婴二人实施麻醉手术的过程。《后汉书·列传·方术列传下》亦载有三国时期华佗使用麻醉手术的医案："若疾发结于内，针药所不能及者，乃令先以酒服麻沸散，既醉无所觉，因刳破腹背，抽割积聚；若在肠胃，则断截湔洗，除去疾秽，既而缝合，傅以神膏，四五日创愈，一月之间皆平复。"该文献详细记载了华佗给病人服用麻沸散麻醉后，再进行腹背部手术的神奇效果，这个不可思议的事迹亦广为流传。元代名医危亦林的《世医得效方》（卷十八）亦载："颠扑损伤，骨肉疼痛，整顿不得，先用麻药服，待其不识痛处，方可下手。或服后麻不倒，可加曼陀罗花及草乌五钱，用好酒调些少与服，若其人如酒醉，即不可加药。"此文详细记载了元代时中医通过全身麻醉给人手术治病的情况。

至于福州名医黄会友祖上的麻醉术从何而传，我们不得而知，但无外乎是古代中药麻醉方法的代代相续。自1949年始，我国当代临床手术开始使用曼陀罗、樟柳碱等中药进行麻醉，使中药麻醉重放光彩。而欧洲也于19世纪中叶发明了现代麻醉药。

关于兔唇手术，早在一千六百多年前的《晋书·列传第五十五》中即有记载："东晋末人魏咏之，字长道，任城人也。家世贫素，而躬耕为事，好学不倦。生而兔缺，有善相者谓之曰：'卿当富贵。'"后来，魏咏之十八岁时投奔精通医术的荆州刺史殷仲堪（著《殷荆州要方》），殷仲堪很赏识他，便召帐下所聚名医为其治疗。医生跟他说："可割而补之，但须百日进粥，不得语笑。""咏之曰：'半生不语，而有半生，亦当疗之，况百日邪！'仲堪于是处之别屋，令医善疗之。咏之遂闭口不语，唯食薄粥，其励志如此。及差，仲堪厚资遣之。"

医生说："您的唇裂可以割而补之，但术后百日之内只能喝粥，且不得谈笑。"魏咏之说："别说百日之内不言，要是能治好我的兔唇，就是让我半辈子不说话，我都愿意。"于是，殷仲堪找了一个房间让魏咏之独住，令医生好好给他治疗。术后的魏咏之果未食言，至百日而痊愈！殷仲堪不仅未收魏咏之的费用，还赠给他一大笔钱，作为日后资费。治疗好唇裂之后的魏咏之，自卑心理也不医而愈，阳气升腾。从政后，兢兢业业，简朴如初，终成一代功臣良将。

此文详细记述了东晋就有治疗兔唇的医案，足见该医术的悠久历史。而欧洲补唇技术的最早记载，则是法国名医安布洛兹·巴雷（1510—1590年）所创的"8"字式缝合线修补唇裂手术治疗方式，晚于中国三百年左右。

中国自唐代开始，便出现了"专职整形外科"医生，使兔唇的修补更为普及，甚至还出现了"补唇先生"（晚唐诗人方干《唐诗纪事·方干》）。宋代医书《小儿卫生总微论方》已明确将"缺唇"列为"胎内十二证"之一，可以通过手术进行治疗，但无法清除手术痕迹。明清之后，补唇技术愈加成熟和普及。据《江宁府志》载，医者吉人杰用其祖传补唇秘方，七日即可补好缺唇，并且无痕，为时人所诧异！清代顾世澄的《疡医大全》对补唇技术记载得更为言简意赅：先将麻药涂于缺唇上，然后用锋利的手术刀割开唇缺处的皮肤，随即用针穿丝缝合，再涂上调好的备用药物，待肌生肉满即可抽去丝线。且其术后注意事项与魏咏之术后所载亦基本一致。

从上述医史可见，清初时期黄会友擅长补唇术也就不足为奇了。但以上所载，间接证明了清代医师黄会友传给琉球弟子魏士哲的麻醉技术，成就了日本麻醉史，并为其带来世界性荣誉。

第三节　一脉中国

什么是中国？

"中国者，聪明睿知之所居也，万物财用之所聚也，贤圣之所教也，仁义之所施也，诗书礼乐之所用也，异敏技艺之所试也，远方之所观赴也，蛮夷之所义行也。"（《战国策·赵策》）这是两千多年前的记载。可见中国魅力之所在！

那，什么是华夏呢？"有服章之美，谓之华；有礼仪之大，故称夏。"（唐代孔颖达《春秋左传正义》卷五十六）是说，这个服饰华美、礼仪规范的国度，便是华夏。

如此深厚的文化根基，使得日本持续学习中国文化数百年，以至于日本文化脉络的形成，不可避免地深受中国文化的影响。

日本学习以《易经》《诗经》《论语》《道德经》为代表的中国经典和文学著作，深度汲取中国医疗、建筑、历法、礼仪、服饰、农耕、饮食、养生、茶道、剑道等诸方面的先进文化与技术，并结合实际，融合创新，极大促进了日本社会的发展。

平安时代以前，日本的遣隋使、遣唐使所带回去的大量中国典籍，在日本得到了广泛的传播和学习，诸如《论语》《道德经》《庄子》《易经》《诗经》等典籍中的思想和熟语，及日本国人仿照《诗经》所作的《万叶集》、仿照《颜氏家训》所作的《私教类聚》等，全是明证；而使用汉字和万叶假名写成的日本最早的正史《日本书纪》，也借用了大量中国典籍中的文字。

中国文化对日本最显著的影响主要是先秦文化及其思想。范围涉及很广，以下略作举陈。

一、《易经》的影响

日本最古老的史籍、第一部文学作品《古事记》，记载了自第一代神武天皇至第三十三代推古天皇的历史。其中三十三代天皇的名字都出自《易经》。而《日本书记》中还载有古代天皇与《易经》六十四卦序次表。如，第一代天皇神武天皇名字对应着《易经》中"山水蒙"卦，第二代绥靖天皇名字对应着《易经》中的"水天需"卦……

此外，日本历代年号，也多出自中国典籍，并以《易经》为主。虽然日本政府称，现任德仁天皇的年号"令和"出自日本的《万叶集·梅花歌三十二首并序》"初春令月，气淑风和"。但两千多年前中国的《黄帝内经·灵枢·终始》中即载有"令和"二字，曰："知迎知随，气可令和，和气之方，必通阴阳。"而《万叶集》是受唐风影响，仿《诗经》形式创作而成的日本最早诗歌总集（多数为公元710—794年间的作品），其中文辞也难免不受到比它更早的中国其他典籍的影响。

日本明治天皇对于组阁还一度规定："不懂《易经》者禁入。"

日本立正大学的名字，是"立其正大"之意，取自《易经·大壮》："正大，而天地之情可见矣。"而位于日本京都的立命馆大学，其名字则取自《孟子》中的"修身立命"，校门口的石刻上就是这四个字。

二、四神文化的影响

2020 年 9 月 8 日，日本时事通讯社报道：日本天文学会 9 月 7 日宣布，将奈良县明日香村的 Kitora Tumulus（龟虎古坟）天花板绘画等三个案例选为"日本天文学遗产"，以表彰国内历史遗址和对天文学史具有重要意义的事物。因 Kitora Tumulus（龟虎古坟）石室大厅的天花板上，准确地绘制了北极星和各种星座以及太阳"十二生肖"的通道，科学性地绘制了图，以便获得观测日期和观测地点的纬度，而得到了高度的评价。

【四神图】

前 朱雀

左 青龙    右 白虎

后 玄武

十翼书院所制"四神图"

这篇报道中所提及的"日本天文学遗产",是指位于日本奈良县橿原市明日香村的国立四神之馆,它是由日本文化厅和奈良文化财研究所建设和管理的。馆中展陈主要有北极星、二十八星宿、四神文化、十二生肖等内容,其中以四神文化为核心,记录了该文化内容在日本近两千年的历史脉络及其实践。

日本奈良四神之馆正门牌匾

四神为青龙、白虎、朱雀、玄武,它是中国文化天人合一思想体系下"取象比类"观念的具体实践。早在《尚书·尧典》即有明确记载,其历史迄今已逾三千年。

西汉刘安《淮南子》载:"天神之贵者,莫贵于青龙。白虎晨鸣,雷声于四野……"可见,在古人心中,四神是祥瑞之兽。它们能"让无形之矩阵，护佑有形之生命"。于是，这个包含有五行、方位、时序、势能等内容的四神文化，便因此在中国文化中的军事、建筑、医药、地理、文学、艺术、宗教、卜筮、人事、服饰、绘画、日用器物等多元体系中，得到了广泛的应用。对此，古代文献记载颇多，在此略述如下：

① 涉及军事内容的记载。如，吴起《吴子兵法·治兵》载："武侯问曰：'三军进止，岂有道乎？'起对曰：'必左青龙，右白虎，前朱雀，后玄武。招摇在上，从事于下。"四神成了军容军列、行军打仗的保护神。类似内容，《礼记·曲礼上》《六韬·龙韬·五音》等著作亦载。

② 涉及建筑内容的记载。中国古人认为四神俱备之地最为大吉。自先秦开始，这种理念便在建筑中得到广泛运用。古代地理书籍《三辅黄图·未央宫》载："苍龙、白虎、朱雀、元武，天之四灵，以正四方，王者制宫阙殿阁取法焉。"古代帝王建"宫、阙、殿、阁"时，遵循这种法度建造。如汉高祖刘邦定都长安后，南、北宫城均有四座同向同名的阙门，即四神门。又如，宋代《旧五代史·志四·礼志上》："准洛京庙室一十五间，分为四室，东西各有夹室，四神门……"以及宋代孟元老《东京梦华录》中所载的"朱雀门外街巷"，将其分布场景及其繁盛之茂，描述得十分详细。

尤为值得一提的是，唐宋时期积极汲取中国文化的日本，也引入了这种建筑设计理念——1192年，镰仓幕府在东京建立后，拉开了日本中世纪武士巅峰时代的序幕，"江户"由此而出现。德川幕府融合了"奥"的建筑美学，将其与中国古代的"四神文化相应"，将杂草丛生的荒芜之地打造成了热闹非凡的日本第一大都市。日本奈良则有著名的平城宫朱雀门遗址，还有以"朱雀"命名的地名与大学，如奈良县立奈良朱雀高等学校。除此之外，四神文化亦普见于瓦当文化之中。中国很多博物馆中都有"四神"瓦当的展品,而在日本、韩国、马来西亚等国家和地区的古建筑中,"四神"瓦当至今仍很常见。日本奈良由唐代鉴真和尚主持兴建的"日本国宝"唐招提寺,其屋顶瓦当便依照四神古法设置。

③涉及医药内容的记载。汉代医圣张仲景《伤寒论》中载有"四神汤,青龙汤、白虎汤、玄武汤⋯⋯"虽然《伤寒论》中未载"朱雀汤",但敦煌遗书《辅行诀脏腑用药法要》却见载大小朱雀汤。它们都成了传统中医的经典名方。

④涉及日用器物的记载。1978年夏季,在湖北随州擂鼓墩曾侯乙墓(战国早期,公元前433年左右)的考古发掘出土文物中,有一漆箱,箱自铭为"匰"。箱盖口呈长方形,盖面呈拱形,通长82.8厘米,宽47厘米,通高19.8厘米,盖面以黑漆为底,箱盖上绘有天文图像,中心朱书象征北斗的"斗"字,四周朱书二十八宿星名,左右两端以红彩绘白虎、青龙,二者头尾方向相反。所书二十八宿名称与《吕氏春秋》等文献记载基本吻合,略有出入。青龙、白虎所处位置亦与古文献记载的四象划分大致相同。此文物系迄今发现的记有二十八宿全部名称,并与北斗、四象相配的最早天文实物资料。由此可知,这个具有祛邪避灾、调和阴阳、祈福之德的四神,早在先秦时期就已广为流行。其历史,至少可追溯到距今3600年前的商朝。除了湖北随州曾侯乙墓的漆箱外,四神之像在先秦时期还被大量运用于铜镜装饰、印章、书匣等,人们取其辟邪、善护之意,从而形成独树一帜的四神镜、四神印、四神匣等日用之物。直至清代,此遗风依然普及。如高凤冈刻印章时,常饰以青龙白虎的图案。为什么要饰以青龙白虎图案呢?是因为,"同声相应,同气相求。水流湿,火就燥。云从龙,风从虎。圣人作而万物睹。"(《易经》)在四神中,青龙常与白虎相提并论,以令势能平衡,促进人事安稳。

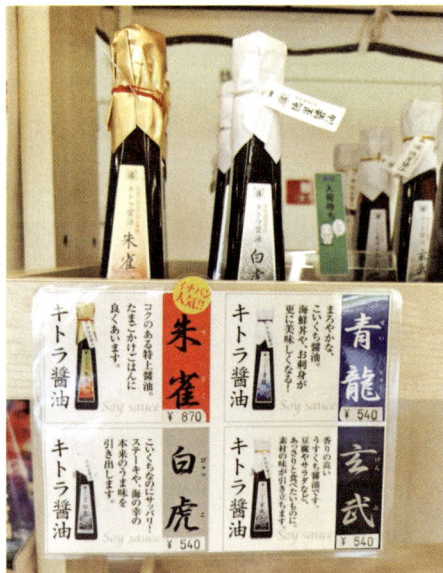

奈良四神之馆中的"四神酱油"

同样，对于四神的崇拜和运用，在日本奈良四神之馆中，也展现得淋漓尽致——如，四神米、四神钟、四神T恤、四神手帕、四神文具、四神挂画以及各种四神食品等等，不一而足。均以日用之物辅以四神文化，令人倍感亲切。

⑤涉及卜居（堪舆）内容的记载。晋代郭璞《葬经》云："玄武垂头，朱雀翔舞，青龙蜿蜒，白虎驯俯。"可见，四神之像平衡对称最为紧要，不仅左右上下南北都要平衡，还要以能形成环抱、距离相宜之势为上。三国时期陈寿《三国志》曾载，管辂在路经一处墓地时突然大哭，旁人问其缘由，他说："玄武藏头，苍龙无足，白虎衔尸，朱雀悲哭，四危以备，法当灭族。不过二载，其应至矣。"已而果然。足见古人对四神应用的娴熟与惊人。明代《阳宅十书》亦载有四神与住宅关系的内容。而西汉早期的《四神云气图》，则是中国目前发现的年代最早、墓葬级别最高的墓葬壁画珍品，因其年代久远与做工精美，

被誉为"敦煌前之敦煌"。而日本奈良的四神之馆，也是在墓葬壁画基础上建立的，二者有异曲同工之妙。

⑥涉及古代服饰的记载。为了能"让无形之矩阵，护佑有形之生命"，古代帝王服饰上配有四神之像是常态。除此之外，帝王出行时所用之幢，亦有青龙幢、白虎幢、朱雀幢、玄武幢等多种幢图，并有特定的尺寸、形制、颜色等规制，取《曲礼》"行前朱雀而后玄武，左青龙而右白虎"之义（《宋史·仪卫》）。并依据季节对应的春、夏、秋、冬来选择对应四神图案着装，以应天时之佑。尤其在重大事件时，通常会选择穿着四神俱全的服饰，来祈愿四平八稳、诸务迎祥。如"并以赤，日、月及合璧……五岳、四渎、五方、四神……排拦以黄、紫、赤三色。"（《宋史·仪卫》）

总之，这个"苍龙、白虎、朱雀、玄武，天之四灵，以正四方。左青龙、右白虎、前朱雀、后玄武，四大灵兽镇守东西南北四宫，辟邪恶、调阴阳，为四方之神"（《三辅黄图》）的四神文化，在中国文化体系中，不仅历史悠久、应用广泛而深入，并且至今仍充满生生不息的活力。2020年5月4日，路透社、华盛顿邮报、泰晤士报等国际一线媒体争相报道的世界当日最美图片，就是来自十翼书院门生、中国山东服装设计协会会长周丽女士所设计的四神文化系列服饰，而这也是中国服装设计界有史以来首次入选世界当日最美图片。

我们从上述对四神文化的简述中，可以看出：自古以来，文化是最大的生产力——每个民族都有自己独特的智慧见地，它们是本民族最大的不动产。而如何能将中华民族的智慧以透彻、相映成趣、多元共构的方式展示给世界，是个迫在眉睫的问题。因为，文化兴则国运兴，文化强则民族强。

三、《道德经》的影响

日本现存最早的完整版《道德经》是梅泽纪念馆藏本。日本很多著名人物都深受《道德经》的影响。

日本第一位诺贝尔奖得主（1949 年获奖，时年 42 岁）汤川秀树（1907—1981 年，物理学家），在自己的散文中自述他非常感谢"祖父和父亲（祖父是日本著名的汉学家，父亲是日本著名的地质学家）逆时代潮流而动"，"从我 5 岁时，就开始为我讲授孔子的弟子们编纂的《论语》等中国古代著作"，让他能够从中国古代经典中汲取智慧，形成自己完善的知识结构，发挥出非凡的创造力。后来，考大学时，因自幼从五六岁起开始受祖父影响而熏习《道德经》《庄子》等中国典籍，他毅然报考了京都大学冷门的量子物理专业。汤川秀树说："我之所以把老子和庄子作为课题，是由于早在 2300 年前，他们就已经洞察了现代人类的状况"，特别是因为中国古代哲学思想已经以种种方式渗透在他的心中，并为他"作为科学家树立个性起到了作用"。可见中国文化尤其是老子的《道德经》对其影响之大。

汤川秀树毕业后曾在百年名校甲南大学和大阪大学执教，后于1948 年赴美国任哥伦比亚大学教授。其间写出了《量子力学入门》《人类的创造》《创造力和直觉》等代表作。此外，他还与胡兰成是好友。更值得一提的是，兄弟五人中，二哥汤川茂树还是日本著名的中国文学学者。

曾激起西方世界对禅学普遍兴趣的世界禅学权威，日本著名禅宗研究者与思想家铃木大拙（1870—1966 年）先生，27 岁时前往美国伊利诺伊州拉萨尔的欧朋·柯特出版社编辑部，协助保罗·凯拉斯从事有关东洋学的论说、批评与校正工作，其中也包括将老子《道德经》及其他道教典籍翻译成英文。在此期间，他深受《道德经》中"大巧若拙"

思想的影响，将自己名字改为"大拙"，戒名为"也风流庵大拙居士"。1970年，在其百岁诞辰之际，日本岩波书店出版社以"大拙"为名编辑出版了《铃木大拙全集》（共32卷），风靡世界。

日本"俳圣"，松尾芭蕉的思想也深受老庄思想影响。其家乡三重县政府为这位江户时代的俳句大师在公园塑立雕像时，特意在其雕像旁配上了他生前最喜欢的《道德经》名句。

往往巨大的政治革命都会催生战争，但日本的"明治维新"却没有，这是为什么呢？

这就必须提及著名的"船中八策"——坂本龙马与后藤象二郎共同提出的八条政治改革原则。

长崎商人坂本龙马于1867年6月9日，与后藤象二郎一同乘坐藩船夕颜从长崎出发前往京都，坂本龙马于船上向后藤娓娓提出日后成为新日本政治纲领的"船中八策"——"大政奉还，议会开设，官制改革，条约改正，宪法制定，海军，御亲兵，通货政策"。这"八策"作为重要指导方针，在近代日本的发展历程中，发挥了决定性作用，成为日本维新政府的纲领性蓝本，并直接导致1867年10月的"大政奉还"，在和平中实现了明治维新。而坂本龙马也因此成了为近代日本启程立下丰功伟绩的英雄。

坂本龙马所提"八策"的思想根源，与其当年在千叶道场求学时的经历有关。他在那里受到老师胜海舟的巨大影响，甚至可以说汲取到了他一生的精神源泉。胜海舟是明治初期的政治家、幕府海军的创始人，"幕末三舟"之一。他十分喜欢中国的禅学与道学，还苦读兰学（日本人把通过荷兰传入日本的西方科技统称为兰学），学识渊博，思想开明。历任外务大丞、兵部大丞、海军大辅等要职。他还创办私塾，培养精英，坂本龙马就是其中之一。明治维新时期三杰之一的西乡隆盛对胜海舟倍加推崇，西乡隆盛还专门给大久保利通（与西乡隆盛、木户孝允并称"维新三杰")写信，对其大加赞赏，同时高度赞赏的，还有坂本龙马。

坂本龙马年轻时牢记父亲的告诫："不忘忠孝，修行第一；不移心物质，浪费金钱；不沾色情，忘记国家大事；专心一志学本领。"坂本龙马对中国文化人物中的老子最崇拜，他从老子那里接受了"无为"的思想——"回到自然，人在'无'或'空'之中才有存在的意义"。因着这种热爱，他还将家中厅堂命名为"自然堂"。老师胜海舟曾教导他说："行动在于我，评价在于他人，与我无关。"坂本龙马将这种无欲和否定自己的精神贯穿于自己的生命之中，用"不希望别人评价"或"不合别人的评价"的态度来专注蓄力，待机而发。要知道，精神一旦聚焦，生命就必定会有投影出现！这就是坂本龙马"船中八策"中有六策都来源于老子思想的原因所在！坂本龙马也因"船中八策"成为近代日本崛起的精神象征！并且其影响力甚至超越了德川家康、织田信长，荣登"日本千年政治人物排行榜"榜首。

尤为值得一提的是，坂本龙马的汉文修养极高，能用汉文作诗，可谓是天授之才。而他的一句诗句，也勾画出他短暂的一生：

"胸怀他日重逢心，踏遍茫茫世间旅。"

日本甲南大学终身教授胡金定老师是日本汉学界研究老子的专家，在日本创有"老子会"。2020年5月，他跟我分享了老子《道德经》对日本德川家康的影响："日本战国三英杰之一的德川家康对《道德经》的思想非常认同。一次，他在谈话中对本多正信说道：'年轻时，我忙于征战，没有时间来研究学问，到老了一无学问。但我曾从他人处学到老子《道德经》中的一句话，至今难忘，那就是：知足常乐。'这句话对德川家康影响很大，成了他的处世哲学——践行质素、俭约、知足，反对奢侈、浪费之事。对此，他也时常劝诫家臣。尤其是外出狩猎，不作铺张安排，只带一个饭团和些许梅干，在山野之中，分两三次把它吃完，如有剩余也不扔掉，再带回去，并让随行人员也照做。

德川家康的孙子德川光圀受到爷爷'知足常乐'思想的影响，曾赠送给德川家康家族捐建的京都龙安寺（1994 年被评为世界文化遗产）一个欹器，围绕中间共用的'口'字，四周部分部首，组成了'吾唯知足'四个字，用这种图像化的方式，向世人倡导'知足常乐'的思想。"

人类社会有无数条虚实相间的文化纽带，《道德经》便是其一。它对日本社会的影响至今仍生生不息——2018 年 7 月 11 日，参加中日文化交流的日本自民党联袂执政的公明党党首山口那津男先生，高兴地说："我正在读中国老子的《道德经》，从中有很多收益。"让人们再次感受到了文化的无限力量。

四、孔子的魅力

在世界文化史上，首次提出"轴心时代"的德国哲学家、教育家雅思贝尔斯，在其《四大圣哲——苏格拉底、佛陀、孔子、耶稣》一书中，将中国的孔子与古印度的释迦牟尼、古希腊的苏格拉底和古犹太的耶稣，并蒂于世界文明之巅！

如今，联合国教科文组织门口悬挂有孔子的"己所不欲，勿施于人"之句，成为世界人文精神的坐标。18世纪法国启蒙运动的泰斗、"法兰西思想之王"、"欧洲的良心"伏尔泰，亦认为孔子是全世界都找不到的伟人。可见孔子的学问，对世界文化影响之大！

日本人把孔子作为"道德与学习之神"。孔子的《论语》早在4世纪就已传入日本，并得到持续推行。日本于6世纪中叶至7世纪全面效仿隋唐制度开始推行"大化改新"，此次改革大获成功。后来，在公元8世纪至12世纪，日本又仿效中国唐代的科举制度，设置了用儒家经典培养官吏的"大学寮"一职，实行以贵族子弟为选拔对象的贡举制度。到了江户时代，程朱理学成为德川幕府的官学（缘于历代德川将军都是儒学迷）。日本在这种跨越数百年的以儒家文化为底色的政治背景推动下，出现大量儒家学者也就势在必然了。

被日本人誉为"近江圣人"的中江藤树，是江户前期的儒者、德川时代初期的哲学家、日本阳明学派的创始人。他11岁读《大学》，16岁从京都禅僧学《论语》，后又精研《四书大全》，开始信奉朱子学。27岁著《翁问答》，认为儒道即士道，将武士精神和朱子学结合在一起。他37岁时读了《王阳明全书》后，认为王阳明继承了孔子的真髓，便践行王阳明"知行合一"的思想主旨，将学问落实于实践，从而开创了独特的日本藤树学，同时也成为日本阳明学派创始人。

纵观日本自19世纪明治维新以来，从一个落后的农业国一跃成为位居世界经济排行前三之现代强国的历史性转型过程中，阳明心学在发挥了巨大作用的同时，也深深塑造了几代日本人的心性气质。如今风靡全球的"日本式经营"与此亦一脉相承。

中江藤树的儒学研究是从《大学》契入的，该书对其影响至深。他将《大学》中格物的"物"，理解为"事"，并指出其包括"貌、言、视、听、思"等五事。我想，他是没有见到周代关令尹所言的"凡有貌、像、声、色者，皆物也"这句话，否则的话，他一定会欣喜若狂的！中江藤树的代表作有《孝经启蒙》《古本大学全解》《大学解》《中庸解》《中庸续解》等解读儒家经典的著作，均收于《藤树先生全集》，足见中国文化对其影响之深！

日本京都著名的"有邻馆"创始人藤井善助（号静堂，1873—1943年），与中国文化的渊源亦颇深。他曾到上海日清贸易研究所（东亚同文书院前身）留学，回国后继承家业，成为近江商人的后起之秀。后又从政，当选为众议院议员，活跃于日本政财界。由于他非常喜爱中国文化，便从《论语·里仁》"德不孤，必有邻"中，汲取"有邻"二字，在京都创办了"有邻馆"，辉煌至今。馆中所藏中国书画皆为国宝，足见中国文化对日本影响之深远。

日本战国三英杰之一德川家康家训中的"责人不如责己"和"不及胜于过之"，即是出自孔子《论语》的"君子求诸己，小人求诸人"和"过犹不及"。

而日本东京学习院大学，其校名亦出自《论语》"学而时习之，不亦说乎"，其历史可以追溯到1847年仁孝天皇在京都御所设立的学习所。

在中国，孔子的文化影响是巨大的。两千多年来，广泛存在的孔庙是孔子文化影响的标志性建筑。

据日本甲南大学胡金定教授介绍——

日本不仅是世界上除中国以外唯一将汉字作为法定文字的国家，而且也是唯一将孔庙作为国家文化财产来加以保护的国家。日本的孔庙对于日本来说有着非凡的文化意义。许多日本孔庙被指定为国宝和重要文化财产。例如，日本栃木县的足利学校于1921年被指定为国家历史遗址；日本佐贺县的多久圣庙（日本最古老的孔庙之一）也在1921年被指定为国家历史遗址；始建于1651年的冈山县闲谷学校（日本现存最古老的孔子学校）于1922年被指定为国家历史遗址，其礼堂、圣庙于1938年被指定为"国宝"；而东京都的汤岛大教堂（即东京孔庙）在1922年被指定为国家历史遗址。除此之外，《文选》《周易注疏》等大量中国古代典籍被指定为"国宝"和"国家重要文化资产"。据管理东京都内"汤岛圣堂"（孔庙）的财团法人斯文会1974年出版的《日本的孔庙和孔子像》（铃木三八男编）统计，截至1974年，日本全国敬奉孔子塑像或牌位的孔庙（日语称孔子庙、圣堂、学问所、学校、殿堂、馆、藩校等）共二十余座，其中有传统、规模大、历史久，并历年举行孔子祭祀仪式（日语称释奠、释菜、孔子祭）的孔庙，共有九处，分别是：分布于日本那霸（冲绳）久米村的"久米孔子庙"（原属琉球王国），长崎县长崎市的"长崎孔子庙大成殿"，佐贺县多久市的"多久孔庙"（多久市的制茶园，称为"孔子园"制茶），冈山县备前市的"闲谷学校圣庙"，东京都内的"汤岛圣堂"，栃木县足利市的"足利学校圣庙"，茨城县水户市弘道馆的"孔子庙"，福岛县会津若松市"会津藩校—日新馆"，山形县鹤冈市的致道馆。

　　此外，日本还有一些以前较为著名，但历经时代变迁，现在规模已不大的孔庙，如盛冈孔子庙、水户孔子庙、三重县田丸町孔子庙、名古屋的明伦堂孔子庙、仙台市养贤堂孔子庙、盛冈市葛西馆圣堂孔子庙等。而香川孔圣神社、佐贺白木圣庙神社等则把孔子敬奉为神，孔庙也成为当地的神社。另外，横滨大正殿、千叶县佐仓成德书院、福冈传习馆、福山诚之馆、高松道明寺、山形鹤冈致道馆、京都太宰府天满宫等，作为明治维新以前各类儒学学校，至今仍然敬奉有孔子塑像或孔子画像。其他如山口县防府市华浦小学校、德山市德山小学校、岛根县町立津和野乡土馆、三重县三重郡菰野小学校也收藏有小型孔子塑像或画像；另外还有一些名人的孔子造像和画像的私家珍藏，如安东家家传孔子像、丸龟正明馆藏孔子像、壶井义正家藏孔子木像及孔子、曾子、颜子画像等。

日本目前最具代表性的孔庙分别位于冲绳、长崎、山形县和东京四处。位于冲绳久米村的至圣庙（即孔子庙），系当年由中国人协助建造而成，意义深远！位于长崎的孔子庙博物馆，是最符合中国孔庙建制的孔子庙，亦可以说是中国曲阜孔庙的翻版。位于山形县庄内里的致道馆，即孔子圣庙，为日本培养了很多名人。而位于东京的汤岛圣堂（孔子庙），则是日本教育的起源、推广和普及之地，更是日本现存规模最大的孔子庙。

汤岛圣堂是由元禄时期德川幕府第五代将军德川纲吉，在1690年命大儒者林罗山于上野忍冈（现上野公园）所建造，建成时称为孔庙，内有"先圣殿"，后来德川纲吉在此基础上按中国惯例扩建，将"先圣殿"改称为"大成殿"，将其与周围附属建筑一起合称为"圣堂"。"圣堂"中除供有孔子像之外，还安放了孔子四位传人（颜回、曾子、子思、孟子）塑像加以祭祀。1922年，这里被日本政府定为国家级历史遗迹，并立有"日本学校教育发祥地"的石碑。

后来，汤岛圣堂于1797年被改为官立的昌平坂学问所（其名"昌平"是源于孔子出生地为昌平乡）。这里为日本培养了无数人才，尤其是明治维新的精英。

明治维新之后，作为幕府最高教育、研究机关的昌平坂学问所与主管天文的天文方（后来的开成所）以及主管医疗的种痘所（后来的医学所），三者合并，成为现今东京大学的前身。

此后，在此地还陆续建有文部省、国立博物馆（今东京国立博物馆和国立科学博物馆）、东京师范学校（后更名东京教育大学，现为筑波大学）、东京女子师范学校（今御茶水女子大学）。足见，这里是一个十足的"文昌之地"！以至于至今每年考学时，仍有很多学生和家长到汤岛圣堂来许愿，祈求魁星高照，文昌天满。

由上可见孔子及其文化在日本的影响之深远。

五、二十四节气的影响

节气之说最早出现于中国夏代，而二十四节气的完整记载则见于西汉的《淮南子》。2016 年 11 月 30 日，二十四节气被正式列入联合国教科文组织人类非物质文化遗产代表作名录。

日本对二十四节气非常重视，应用也相当普及。除了每年的挂历外，日本人还将汉唐时期中国二十四节气所对应的月花，以图案等形式，广泛灵活地应用于茶杯、手帕、挂画、建筑等方面。而其继承得更鲜明的是：日本将"二分二至"（春分、秋分、夏至、冬至）作为国家法定节假日，每年逢此时节全国放假一天，以至于日本人从小就知道了节气的重要性。其他诸如"人日"（正月初七）、"上巳"、"端午"、"七夕"、"重阳"等传统佳节均为日本正式节日，并且还举办"文化祭"来庆贺，过得很隆重。例如，日本将每年的农历三月三日的上巳节，作为传统的女儿节，又名"桃花节"，取自节气惊蛰第一候"桃始开"之意。有女儿节就有男孩节，他们将传统的端午节作为男孩节。每逢五月初五端午节那天，家家户户门前挂有菖蒲叶，屋内挂钟馗驱鬼图，吃祛邪的槲叶糕或粽子，庭院前还挂上形如鲤鱼的鲤鱼旗。因为"菖蒲"和"尚武"谐音，"鲤鱼旗"表示鲤鱼跳龙门。日本人认为，鲤鱼是力量和勇气的象征，表达了父母期望子孙成为勇敢坚强的武士的愿望。

此外，日本人在立春的前一晚、二十四节气轮回交替的最后时刻，还举办"节分祭"仪式。因为立春的节分比较特殊，是天地气机由"阴"转"阳"的节点，具有禳除灾厄、迎接新年的意义，因而这一天的祭祀非常重要。按照传统，仪式通常以"撒豆驱鬼"为主，在仪式中，通常一边高声念唱"福内鬼外"，一边祭拜来年太岁所在方向，并将炒熟的大豆供奉完神灵后抛撒出去，以豆击鬼来驱鬼辟邪，保佑一年平安。这种在节分仪式中所使用的炒熟黄豆，被称为"福豆"，传说吃了这种豆可以逃离病痛、灾害等。而且吃的时候，要吃比自己年龄多一粒的数字。

在中国，用黄豆驱鬼的传统迄今仍有习俗——人死之后，根据日时的干支口诀（如：寅窗卯门辰在墙……）来决定人的魂魄会依附在哪个地方，然后用炒熟的黄豆撒打该处以驱邪。但也有用生黄豆的，使用完之后，往往将它们埋入大地，以期福气生生不息。

日本的"节分祭"习俗，源于中国古代周朝的"追傩"仪式。在节分时为禳灾招福进行的撒豆仪式是追傩的变形，即"驱鬼"，是为了消除病患及灾害而举行的驱邪辟恶仪式。明代刘若愚《酌中志》亦载："立春之前一日，顺天府于东直门外'迎春'……"这种仪式是由日本遣唐使于文武天皇时期（中国唐代武则天时期）带回日本的，随即便成为日本宫廷仪式之一。而至日本江户时期，则借由神社渐渐普及为民俗——"追傩会"（鬼追式）或"节分会撒福豆""节分星祭"仪式。这些仪式，上至天皇、下至幼儿园的小朋友们，都会积极地参与。那种庄严活泼、人如潮涌、蔚为壮观的场景，至今仍历历在目，非常铭心！

日本的日常食物，往往也与节分有着密切关系。比如，超市里随处可见的节分大豆、节分五色豆等等，完全将二十四节气内容融入百姓日用之中，从立体角度与生活打成一片，令人难忘。

而尤为值得一提的是，节气内容在建筑上的落实——房产商在售楼书中一定要有"二分二至"的内容——将事先测算好的，一年中逢此四个节日时，该建筑物每个房间内日照光的角度和屋内接收到的光照面积标注出来。若遇房间外面有遮光物时，还要注明具体遮光的时间周期。践履到这种地步，实在是令人惊讶！

中国天时系统中的时令日子，在另外一个地区，被认认真真地过着——这让我经常想起小时候外公的叮咛——能"好好过日子",才叫"与时偕行",才会"时来天地皆同力",才能最大限度地得天之佑!

在我的心中,"顺时施宜"不仅仅是先贤的教诲,更是功夫与智慧。

明代高濂在《遵生八笺》中说:"人能顺时调摄,神药频餐,勤以导引之功,慎以宜忌之要,无竞无营,与时消息,则疾病可远,寿命可延。"

日本人的长寿之因,也或多或少与此有关吧。

六、文化继承中也有瑕疵

日本对中国文化的传承和学习，虽然内容很丰富，在很多方面都令人称道，但其在传承中也有非常鲜明的鞮像。譬如，日本在 1912 年改历，启用了西历纪年，导致谬误立现——中国的中秋节是农历八月十五，而日本却是按照西历的 8 月 15 日来过中秋节。可那天不是望日，月亮根本不可能圆！想想都令人忍俊不禁。

而影响最广泛的错误就是，日本人对"玄关"的理解与运用！

在日本，人们将门称为"玄关"。一些政府机构、酒店、公共建筑等，都将入门处标注为"玄关"。如，大阪府堺市市役所（市政府所在地）办公楼的每一个门都称为玄关，正门称正面玄关，东门称东面玄关，北门称北面玄关，宴会厅正门则称为宴会玄关。京都大学医学院的正门写着"外来栋玄关"，很多知名酒店也是如此……

日本人认为"玄关"的作用基本有二：其一，是为了卫生。人们回家后，在玄关处换好拖鞋进屋，这样能尽量保持家中地面干净。其二，是在日本社会价值观中，万物皆有"境界线"。并且这种基本意识观念，体现在方方面面。尤其是在居所环境中，门就是一个"境界线"，门外之物是不能轻易带入门内的。因而，"玄关"就起到了一个"境界线"的屏隔作用。自古以来，"没有规矩，不成方圆"。这种"境界线"意识，还是非常值得普及的。

那么，我为什么说日本文化将门称为"玄关"是错误的呢？

这就要从中国文化对"玄关"的定义来了解了。首先，"玄关"在中国古代文献和文学作品中是常见词。如：

唐代李白《春陪商州裴使君游石娥溪》诗曰："萧条出世表，冥寂闭玄关。"

唐代岑参《丘中春卧寄王子》诗曰："田中开白室，林下闭玄关。"

清代方文《柬吴锦雯孝廉》诗曰："恐人防静业，谢客掩玄关。"
……

从这些诗作中，可见他们笔下的"玄关"，都是门的别称。但其实，"玄关"却别有深意——宋代李廷忠《玄关一窍颂》曰："一窍才通万窍通，丝毫不动露真空。个中便是真宗祖，认著依前又不中。"元代国师中峰明本禅师言："雪埋古路谁亲到，雷动玄关我独昏。"二首诗中的"玄关"，均是指人修炼时的元神之窍。而吕祖门人、元代李清庵亦强调："玄关一窍最难明，不得心传莫妄行。"南宋雷庵正受所编《嘉泰普灯录·卷十七》更是说："玄关大启，正眼流通。"但，将"玄关"一词讲得最透彻的还要数唐代高僧司马头陀的《玄关同窍歌》：

> 知妙道，玄关一诀为至要。
> 识真情，玄上天机窍上分。
> 漫说天星并纳甲，且将左右问原因。
> 先观水倒向何流，玄关造化此中求。
> 内外玄关同一窍，绵绵富贵永无休。
> 一窍通关坐大谋，玄关交媾亦堪求。
> …………
> 其间造化真玄机，不与时师道。
> 吾今数语吐真情，不误世间人！

司马头陀真是"不误世间人"，他在诗中点明了"玄关"的大用——"一窍通关坐大谋"。"玄关"，就是贯通天地能量的道窍，也是生气之枢纽。因此，"玄关"简称为"窍"。

在古代建筑中，古人依据建筑坐向之不同，按照《易经》先天、后天卦序图，推衍出其玄关所在，此即为"窍"之所在。然后在此"窍"处开门，于是此门便被称为"窍门"。而这个在"窍"上开门的过程，被称为"开窍"或"通窍"。这三个人们耳熟能详的词语，便来源于此（更详细的有关"玄关"的解释，请见拙作《解密中国智慧》）。

天地万物皆有其窍。譬如人面，口鼻即为玄关之窍。口鼻气息不通者，即为玄关未开，窍门阻滞，势必生机寥然。而玄关之用，落实于建筑上，则对应于门、窗、水源，若其俱障，则气运乃亡。古语说："一窍通，窍窍通。""玄关一开，财气自然来。"都是在强调玄关的生机大用。

所有室所，皆如人面，均有如口鼻之玄关窍位，依据建筑坐向不同，判断出其"玄关"位置，知晓玄关所在。建造房屋时，将门设在对应的"玄关"位置，即在窍上开门——"开窍"，然后，玄关一开，运气就自然会来！这也是老子《道德经》所言"人法地"的智慧。

今人闻其名而不晓其实，所言造宅设户，为门或入门直见之处为玄关者，皆大谬也！加之世学日下，妄传盲指之说浊行，以至于谬谬相衍，实在可叹。

玄关（窍）之应用，与风和水有着密切关系。晋代学者郭璞云："风水之法，得水为上。"（《葬书》）可见，在玄关之处，得水最为紧要，而见风次之。

安缦酒店是享誉世界的顶级连锁度假酒店，其位于中国上海的养云安缦酒店，在规划初期，笔者的建议之一，就是将主门开在玄关上，并且仅有的十三套古宅别墅中，每个院落都有一口井，每口井都开在玄关窍上。如此一来，玄关大开！再将院内河流更易为逆水格局，由此特殊的设计，养云安缦自2018年开业以来，成为安缦集团全球增长率最高的安缦酒店！

世间有很多事情，不是废在了中途或结尾，而是由于智慧不够，一开始就废了。人们由于对经典不熟稔，对文化的理解不究竟，导致对"玄关"一词的理解，并没有达到这个词该有的定义和价值，以至于智慧尽失。

但是，这种种瑕疵，不能掩瑜。

长期以来，日本对中国文化的汲取是持续的，深入的，系统的，全民化的。并且，当初是依托着一个重要载体实现这个过程的。

这个载体便是——寺子屋。

第四节　寺子屋

寺子屋，又作"寺小屋"，是古代寺院所设的私塾，其主要功能是通过教授儿童文化教养知识，推动庶民子弟的初等教育。中国著名的四大书院之一——湖南岳麓书院，即起源于唐代麓山寺的寺子屋（居士学舍）。中国"心学"创始人之一的宋代大儒陆九渊，小时候和哥哥陆九龄就是在离家十多里的疏山寺的寺子屋读的书，这座寺院至今仍在。后来陆九渊创办了象山书院，书院西边对岸还有一座资国寺。私塾、书院等教育机构与寺院紧密连接的因缘，在中国历史上并不鲜见。

自隋唐以来，随着中国文化不断传入日本，日本对中国古代建筑、传统家具、生活习俗、经典教育传统等的吸纳，几乎到了亦步亦趋、滴水不漏的地步。而寺子屋，就是伴随着这种背景落地日本并生根发芽的。

寺子屋的发源可以追溯到平安时代（日本古代的最后一个历史时代，开始于中国唐代德宗李适时期），中兴于江户时代。江户时代的德川幕府提倡将"对孩子从小就要进行教育"作为正统的子女教育观，同时町人阶层（江户时代对城市居民、商人、町伎、工匠等的称呼）也深感知识对于开展贸易活动的重要性。在这样的背景下，寺子屋大规模普及，随即给日本国民教育带来了巨大的活力。寺子屋仅在江户时代的高峰时期就有两万多所，遍布于都市、乡村的各个角落，承担着保育和教育的功能。

这其中，包括了一些破落武士、町人、浪人、神官、医生和有能力的庶民等开设的实施初等教育的民间私塾，它们也被归为寺子屋一类。日本风俗图绘本《绘本荣家种》中的私塾，就是由老师将自家住宅改就而成的。

日本寺子屋入学仪式，是沿袭中国的古法"束脩制"。寺子入学那天，在父母的带领下拜见"师匠"，同时送上若干钱款（或物品）及点心，并配上扇子，表明学习的愿望。师匠收下礼物后，带着孩子打开一本书，用红笔画上第一句，然后师匠读一遍，孩子跟读一遍。读完，师匠合上书，交给孩子；孩子接过后，与父母一同给老师鞠躬表示感谢，然后孩子侍立在师匠旁，父母做见证，师生关系就此确立。

日本寺子屋所教授的内容，主要为训练读写及算数能力和学习伦理道德规范。学童年龄大都是六岁至十二岁，男女生共同学习。每日的学习，称作"七习"——从早晨7点半，学到下午2点半，约7个小时。每月的朔日（初一）和逢五（初五、十五、二十五）休息，或六天休息一次。寺子屋的先生男女均有。学习内容主要是生存的智慧、知识、礼节和生活习惯。农村的寺子屋在农忙期间还有"朝习"，即早晚学习。此外，女孩子还要学习古筝或者三弦、缝纫等。其教材多种多样，因地制宜。如《色叶四十八文字》（日语字母表）、《千字文》（识字）、"四书五经"、《六谕衍义》（儒学）、《国史略》、《十八史略》（历史）、《唐诗选》、《百人一首》、《徒然草》（古典诗词）、《近道子宝》（教授四季、方位、天干地支等）、《古今和歌集》、《名头字尽》（历史名人姓氏大全）、《村名尽》（附近村、町名录）、《国尽》（五畿七道名录）等。其中有关中国四书五经的内容，则多采用中国南宋朱熹的《四书集注》，因此，朱子学在日本影响十分广泛！

在日本寺子屋所有教材中，为数最多的是"往来物"。"往来物"原指武士和贵族往来的信件，后形成一种专门的教科书，多达7000余种。"往来物"范围很广，也非常实用。如，关于如何使用土地和农具，如何栽培谷物等劳动所需要的知识与技能的《农业往来》《田舍往来》《百姓往来》等；关于传授商业用语和知识的《商卖往来》《批发商往来》等；关于渔业和渔民生活的《舟方往来》等；关于匠人的有《诸职往来》《木匠往来》《瓦匠往来》等；关于接人待物的有《四民往来》、

《百姓往来》(书信礼仪)、《庭训往来》、《文材节用笔海往来》等。从方方面面锤炼学童们的教养!

虽然寺子屋是源于民间的自发力量,但日本当时的统治者对寺子屋教育也很重视,如将军吉宗对寺子屋极为关心,曾专门奖励寺子屋经营有成绩者,并责人专门编写《六谕衍义大意》,作为"民家手习用书"。凭借首开先河的寺子屋民众教育,日本在江户末期,男子识字率达到了40%—50%,女子识字率也达到了15%以上!

中国的北宋,在名臣范仲淹的推动下,民间书院遍地开花——"华夏民族之文化,历数千载之演进,造极于赵宋之世"(陈寅恪)。中国文化在宋代达到顶峰的成就,与书院教育密不可分。

南宋的朱熹为白鹿洞书院定了五条学规:

① 五教之目——父子有亲,君臣有义,夫妇有别,长幼有序,朋友有信;

② 为学之序——博学之,审问之,慎思之,明辨之,笃行之;

③ 修身之要——言忠信,行笃敬,惩忿窒欲,迁善改过;

④ 处事之要——正其义不谋其利,明其道不计其功;

⑤ 接物之要——己所不欲,勿施于人,行有不得,反求诸己。

通过寺子屋所教授的内容你会发现:寺子屋的教育与中国书院教育一样,都是实用教育,都是为"做人"设计的,不是仅仅用来"求知"的。日本寺子屋从教学形式到内容,强调文化学养与道德水平并进,需完成一定规模的实践环节的初期基础教育,继而透过兴趣学习,为社会培养大批优秀的职人,为日本社会留下了不可估量的精神气息。

这种教育,在促进日本经济高速发展的同时,也为后来的明治维新储备了大量人才,这也是为什么明治初期日本能迅速实施义务教育,并能取得速效的原因所在!

自古以来，精神自治的重要方式之一，就是民间力量为社会道德秩序立法。日本寺子屋的一个重要精神自治遗产，就是其商业教育与商业道德教育。江户时代，商人子弟大多在寺子屋学习。那时最为盛行的是"丁稚奉公"——丁稚即学徒，"丁稚奉公"是商业行为中的用人制度。学徒在寺子屋掌握基本的读写能力之后，10岁左右再进入商家，接受接人待物、行为举止、交易礼节、商业道德等职业训练。其中，商业道德的教材来自《商业往来》，系1694年京都寺子屋的师匠所撰写。书中内容主要是庶民生活规范以及要成为良好町人所须具备的良好品德及其生存方式，尤其是商人必须要正直。江户时代的商人以商业道德严格要求自己，比起经济效益，更加注重伦理道德。而商人们为了求生存、谋发展，不但制定了很严格的学徒、雇佣制度以及经商规则，同时也制定了严格的家规与家训，成为江户时代商人的行为准则和基础素养。各商家的"家规与家训"共通内容是："奉公、体面、分限、始末、算用和才觉。"其中，奉公是对主人的忠诚和奉献精神；体面是要讲信用，爱护商家名声，做到正直、真实、礼仪得当；分限是指对生活的态度，即要知足常乐、尊重原有供应商以及专心家业；始末是指商家要勤俭节约；算用是指账目清晰准确；才觉是指与其挖空心思走捷径，不如扎扎实实经营。他们很清楚，要能将胆识之见落实为胆识行动，才能创造出真实无伪的价值。而这也正是18世纪初日本著名儒家学者石田梅岩所倡导的六个经商信条，后来逐渐成为闻名于世的关西商法，影响了诸如松下幸之助、稻盛和夫、永守重信等一大批现当代日本企业家。

　　纵观日本寺子屋对寺子的学养、道德、伦理、行为准则与职业素养的综合要求，与北宋名臣陈瓘家族代代相传的"事亲以孝，事君以忠，为吏以廉，立身以学"十六字族训，有着异曲同工之妙。

　　自古以来，民间思想者的生存状况，是衡量一个朝代历史价值的重要指标。古往今来，民间思想者郁郁葱葱之时，一定是社会成长的蓬勃时期。寺子屋在日本的大量存在，使得日本思想者在超越政见的宽容中百花齐放，各绽异彩。他们对庶民所进行的职人和道德教育，取得了巨大的社会效益——日本江户时代，人口100万，警察却仅有24个！足见民风之良。

明治维新之后，日本社会教育的核心理念是"取好用之"——向全世界学习一切先进优秀的内容。其向度有二：一是文化上以更深入学习中国文化为主。其中，寺子屋教育内容中融入阳明心学就是表现之一。二是工业与科技上学习西方工业文明。这种学贯中西的课业，将人们的视野提升到时代的最高阶，不仅举国受益，后世更享余荫！

明治维新时期明治天皇颁布的"五条誓文"：

① 广兴会议，万事决于公论；

② 上下一心，盛行经纶；

③ 官武一体，以至庶民，各遂其志，毋使人心倦怠；

④ 破除旧来之陋习，一本天地之公道；

⑤ 求知识于世界，大振皇国之基础。

以上五条誓文成为日本近代迅速崛起的动力引擎。

据日本文部省1883年所编日本教育史资料记载，进入19世纪后，日本全国寺子屋的数量有16560家。日本明治政府在此基础上，活用寺子屋的教育资源，于明治五年（1872年），颁布了《学制》，各地逐步设立小学，使得寺子屋渐次减少，及至目前，已回归到最初的业态——仅稍大的寺院每年寒暑假还有寺子屋的招生。

如今的日本，当年的寺子屋多不复存在，取而代之的是私塾，并且相当普及，其教育内容也非常多元，由此可见日本国民热爱学习之风依然浓郁。

除教育外，寺子屋的名字还被延用于商业名称。如日本京都的寺子屋本铺和太宰府市的寺子屋本铺等知名餐厅，朝来市的寺子屋花亭等则是知名民宿。此外，还有日本株式会社寺子屋、东京株式会社寺子屋、寺子屋事务局等社会机构，这些无不说明寺子屋对日本社会的深远影响。

而我们，也通过对寺子屋的了解，看到了一个学习古代中国而深得教诲的日本！

日本奈良东大寺寺子屋招生册页

第五节　日元的教育

日本寺子屋这种把教育落实到实处的理念，对日本后世影响极其深远，并得到了不遗余力地推进。

日本人人熟悉的日元，也是普及这种教育的基础路径之一。

日元上面的人物，从早期的政治人物，逐渐过渡为社会多元行业的领袖，以此来激励国民崇尚知识、智慧及报国精神。这也是对造物育人的理念不折不扣地落实。

日元最高面额是 10000 元，最初 10000 日元的"经典人物"是日本的圣德太子。后来，1984 年开始，10000 日元上的"经典人物"改为了日本近代教育之父、明治时期的杰出教育家福泽谕吉，足见其在日本历史上的地位和影响力。

福泽谕吉将学问分为两种：有形的学问（天文、地理、物理、化学等）和无形的学问（心理学、神学、理学等）。他认为，实用的知识最为重要，而远离生活实际的知识则次之。当年北京大学的梁漱溟教授也说过："什么是学问，学问是用来解决问题的；什么是真正的学问，真正的学问一定能解决自己的问题。"二人慧见，异曲同工。

福泽谕吉对日本人文精神最大的影响在于：他强调了独立人格的重要性——"先有独立人格的国民，才有强大安宁的国家。有了人格的独立，就有了个人素质的进步和升华；有了独立精神，就会深切地关怀国事，就会更加饱满报国的大义。否则的话，独立精神愈少，卖国之祸愈大。"

作为明治维新的思想导师与精神领袖，福泽谕吉成功改造了日本的世道人心，令近代日本人由"人身依附之心"集体转向"独立之心"，成为日本民族的"突出贡献者"。

时势造英雄，江山代有才人出。

日本每 20 年发行一套纸币（1000 元日币、5000 元日币和 10000 元日币）。2019 年 4 月 9 日，日本政府宣布的在 2024 年上半年推出新版日元纸币：10000 元、5000 元、1000 元正面的"经典人物"。其中，10000 日元纸币上的"经典人物"福泽谕吉将被儒商涩泽荣一所替代，而现行 5000 日元与 1000 日元上面的"经典人物"樋口一叶和夏目漱石则分别改为津田梅子和北里柴三郎。

很多人好奇：他们是谁？他们每个人都非同寻常。

① 涩泽荣一（1840—1931 年），日本近代资本主义之父，日本近代企业之父，日本金融之王，当时的正二位勋一等子爵……总之，其生平事迹就是日本从传统社会向现代社会转型的缩影，更是非常时代造就非凡英才的典范！明治时期的文学家幸田露伴高度评价他："涩泽荣一是作为推动国家飞跃发展的一个重要因素和重要动力而存在的。"对于日本迈向近代化国家所起的重要作用而言，涩泽荣一所呈现出来的拓荒之功和在诸多领域披荆斩棘的创造性贡献，后世无论如何评价都不为过。

文化是最大的生产力！涩泽荣一 1840 年出生于日本埼玉县，那时延绵两个半世纪的日本江户幕府即将落幕。但由于江户时代寺子屋盛行，中国典籍及其思想得到广泛的学习。尤其是以朱子学为核心的儒学，曾长期是日本立国之本，即便是作为社会中坚力量的武士阶级，也把儒学作为基本修养。受此影响，涩泽荣一那品行正派、勤勉持家又经商出色的父亲，在他年幼时，就对其进行悉心培养——他六岁起学古文，八岁学《论语》《大学》等典籍，并练习写商务信件，后来又随汉学家尾高胜五郎学《史记》《三国志》《唐宋八家古文》《十八世略》等典籍，古文基础相当扎实。作为长子，其父又着力栽培他继承家业，使其深受裨益，也为其后来成为对"宗经、涉事、守先、待后"最具代表性的践行者打下了扎实的基础。涩泽荣一是名副其实的"立功、立德、立言"三不朽的伟大实业家。他不仅留下了与西方资本主义接轨的工商业制度体系和数不清的创业实体，更为近现代日本企业家确立了将西方近代资本主义产业、经济制度与东方儒家伦理有机结合的新"商人道"，影响极为深远。

中国文化对涩泽荣一的影响不可估量。他在父亲的培养下，早年就亲近孔子，终生嗜读《论语》，他是一位把《论语》学活了的人！他常说："古人靠《论语》治国理政，我靠《论语》从商。"他将《论语》作为第一经营哲学——"既讲精打细算赚钱之术，也讲儒家的忠恕之道"的成功经验诉诸笔端，于86岁那年撰写成《论语与算盘》一书，风靡世界至今！此书是他毕生从商的心得和精髓，他将商业道德伦理与经济规律关系的"义利观"阐述得精辟透彻："算盘，因为有了《论语》，才能打得更好；《论语》决定算盘，财富才有意义。两者看似相去甚远，实则相距甚近"，以及"算盘要靠《论语》来拨动，同时《论语》也要靠算盘才能从事真正的创富活动。要靠活动才能获得成功，个人的利益才能得到充分保证。"他还强调："道德和经济二者必须齐头并进，生产力经济只有在仁义道德的支撑下才能发展，而仁义道德的影响也只有靠经济的发展才能进一步光大。"这种"士魂商才"是现代日本商人的必备素质！他进一步说："如果偏于士魂而没有商才，经济上就会招致自灭，因此要有士魂，还要有商才，而《论语》则是培养士魂的根基。"一千五百年前，《论语》传到了日本；近一百年前，涩泽荣一在86岁之际将《论语》的智慧诉诸笔端写成《论语与算盘》风靡于日本，并形成了代有传承的商业传统。诸如松下幸之助、稻盛和夫等著名企业家，其经营之道都深受《论语》的润泽。如今，由于涩泽荣一先生即将成为10000元面值日元上的"经典人物"，加之出版、电视等媒体都在勠力报道和推介涩泽荣一的思想和智慧，使得日本民众对《论语》的学习热情，成为一种国家态势，令人侧目！

无论哪个时代，人都是社会第一生产力。早在两千七百多年前，管子就强调要"以人为本"，并且还进一步解释"明主之官物也，任其所长，不任其所短，故事无不成而功无不立。乱主不知物之各有所长所短也，而责必备。"（《管子·形势解》）贤明的君主在授官任事时，会用人所长，避人所短，以致事业没有不成功的，功勋没有不建立的。相反，昏乱的君主则不懂人是各有所长又各有所短的道理，总在那求全责备。对于识人用人的重要性，唐代《贞观政要》亦载："为政之要，惟在得人。用非其才，必难致治。"

　　对人才的重视以及对经典的善见，使得涩泽荣一在创办日本近代企业的过程中，不忘积极投身教育事业，从明治八年（1875 年）创立培养对外贸易人才的"商法讲习所"（今一桥大学的前身）开始，他陆续创立了日本女子大学、大仓高等商业学校、高千穗商业学校、东京高等蚕丝学校、岩仓铁道学校等教育机构和包括育婴所在内的各种公益事业，连同他所经营、参与的事业多达 600 多项……这种用现世的财富向后世投资教育的远见，实在是恩义两得、利在千秋啊！

　　涩泽荣一的伟大之处还在于——他认识到培养德才兼备的商业精英要从小抓起，将做好子弟教育视为家业传承与繁荣的重要保证。他高瞻远瞩，在百忙之中为家族子弟教育立下了与《论语加算盘》同样著名的《涩泽家宪》（80 多条），以裕后人。

　　《尚书》曰："皇天无亲，惟德是辅。"上天对谁都不偏亲偏爱，谁有德上天就在无形中恩泽谁。为日本创立和运营将近 500 家公司的涩泽荣一，于 1931 年 11 月，以 91 岁高龄辞世，在当时而言，可谓超级高寿，真是应了《论语》中"仁者寿"的古训，也成为《道德经》所言"死而不亡者寿"的典范。

　　在日本，像涩泽荣一那样应用中国文化来指导家族成长和企业运营而大获成功者，屡见不鲜。如，日本百年企业兄弟工业株式会社的安井家族，就是将《论语》中的"志于道""和为贵""敏则有功""德不孤必有邻""过而不改，是谓过矣"作为家训而贯穿于家族生命之中，从而襄助家族和事业凯旋至今的。并且，在其事业继承的关键词"人和教育"中，除《论语》之外的《尚书》《易经》《左传》《大学》等中国古籍中的章句思想，也随处可见，令人非常感佩！最为难得的是——公司中所挂诸多上述典籍章句的书法，竟然都是安井信之先生亲自书写的！读之犹见缕缕圣光……

（值得预告的是：日本兄弟工业家族资产管理公司研究员、深圳大学大湾区国际创新学院研究员汪洋老师，正勤力将兄弟工业的经营哲学汇为精神食粮以飨读者，令人欢待。）

②新版 5000 日元纸币上面的"经典人物"是津田梅子（1864—1929 年）。她是日本明治、大正时期的女教育先驱，知名私立大学津田塾大学和女子英学塾的创始人、同志社大学的创办人津田仙的次女，被称为日本女子教育的先驱。她将是第四位登上日本纸币的女性。津田梅子初名むめ（mume），后因喜欢中国文化，亦精通书法，于 1902 年改日文名字为汉字"梅子"。留美归国后成为日本明治宪法之父、日本首位内阁总理大臣伊藤博文子女的老师。而现行 5000 日元上的"经典人物"为日本著名女作家樋口一叶（1872—1896 年），近代批判现实主义文学早期开拓者之一，日本纸币史上首位正面女性肖像人物，代表作有《青梅竹马》《大年夜》《浊流》。樋口一叶 24 岁时死于肺疾。

③新版 1000 日元纸币上面的"经典人物"北里柴三郎男爵（1852—1931 年），是日本著名医师、细菌学家、免疫学家、教育家、实业家，当时的从二位勋一等男爵。他发现了导致鼠疫的芽孢杆菌、导致霍乱的霍乱弧菌，并于 1890 年与埃米尔·冯·贝林试验成功破伤风病菌的纯培养，并开拓了血清学这一新领域。1898 年，他还帮助日本细菌学家志贺洁分离出了痢疾杆菌（志贺氏菌）。现行 1000 日元

上的"经典人物"为日本著名"国民大作家"夏目漱石（1867—1916年），笔名漱石，取自"漱石枕流"（出自《晋书》），精擅俳句、汉诗和书法。文笔十分细腻柔软。我们从其代表作《虞美人草》对春天的描写文字中，可管窥一斑——"寂寞的黄花钻出寒夜，混入充满红花绿叶的春色世界中。天地万物在春风的吹拂下均燃烧成富贵颜色……"一个应时而出的颜色，竟被他冠以"富贵"二字，读来十分喜人！

纵观日元上的"经典人物"，真是英雄不问出处——他们或是教育家，或是实业家，或是医生，或是文学家……个个都是推动社会进步、影响深远的民族英雄！日本人每天都与其相伴，他们的一生，也成为日本国民的励志之训，时时砥砺日本国民要尊重英雄和学问，并让日本人从小就清楚：但凡给社会带来智慧和进步的生命，都是值得全社会去讴歌、去礼敬、去学习的！

众所周知："言教不如身教。"

日本这种借由日元将教育落实于百姓日用之中，传递用才华为社会做贡献的理念，效果十分鲜明。日本第一生命保险公司每年都对"儿童长大后想从事哪些职业"进行调查，结果，2017 年的调查结果显示：男孩子最想从事的职业，第一名为"学者/博士"。这种对进步、正义、智慧与尊严的追求与民意支持，不仅能提供超越自我的机缘，也会令人思想上的某些轻浮彻底瓦解！

有了这种持续而丰厚并极具张力的精神储备，人们更难以忍受生命的流失，会更加重视生命的价值，而整个社会因此也更能进退有据——这样的结果，就是：富贵稳中求！

"心有千千智，布衣何处不王侯？！"（《会心》）此句可视为日元教育于不动声色之中所取得的润物无声、大而化之的妙注。

第六节　自我作古

日元上的"经典人物"为社会带来的潜移默化的激励教育方式，在日本社会各个行业中有着多元的体现。

2019 年的 11 月，我受邀在日本大阪参加一个再生协会的年终会，并做主题演讲。期间，我偶然在会场中看到一个奖牌，上写四个字："自我作古"。

"自我作古"

我很意外，这四个字什么意思呢？因为"作古"一词在中国是极少用于公共场合的。可仔细一看，奖牌上竟然还注明了题写者——日本经济产业大臣茂木敏充。我问活动主办者："这个获奖的主人是谁？"他也不清楚。经过了解之后，他跑来告诉我："奖牌是活动场地主人的。"并给我做了引荐。我问奖牌得主："这四个字是什么意思？"他说："就是不沿袭前人，自我创新，让自己的行为成为可以赞誉的历史之意。这个奖牌是 2014 年经济产业大臣茂木敏充给受赏的日本 300 位中小企业家的勉励之语。"听完后，我很惊讶！我想，在日本能够当众题写的词语，通常都是日本流传的"熟语"（即中国的成语），并且其一定源于中国文化。

2014年日本经济产业大臣茂木敏充题写的"自我作古"受赏奖牌

演讲结束后，我马上去查阅这个词语，果然出自中国文化！没想到，这个词语竟然在中国唐代就已经是一个广泛使用的成语了。

《唐大诏令集·贞观五年封建功臣诏》："自我作古，未必专依前典。"

《唐大诏令集·亲享明堂制》："时既沿革，莫或相遵；自我作古，用适于事。"

唐代刘知几《史通·称谓》："唯魏收远不师古，近非因俗，自我作故，无所宪章。"

《旧唐书·高宗纪下》："上曰：'自我作古，可乎？'"

宋代周密《癸辛杂识前集·孝宗行三年丧》："上曰：'自我作古，何害？'"

《宋史·礼志四》："相方视址，于寝之南，傸工鸠材，自我作古。"

清代叶燮《原诗·外篇下》："苟乖于理、事、情，是谓不通；不通则杜撰；杜撰，则断然不可。苟不然者，自我作古，何不可之有！"

清代平步青《霞外捃屑》卷五载："康乐称太傅为宗衮，子建称孟德为家王，皆自我作古。"

现代作家邓拓《燕山夜话·烤字考》云："诸书无烤字，应人所请，自我作古。"

……

从唐代《唐大诏令集》开始到现代的《燕山夜话》，已经有一千三百多年了，"自我作古"一直被使用着。但为什么这个词在时下的中国却极少见到呢？我认为原因主要在于，"作古"一词对中国人而言，往往预示着死亡，人们因为忌讳该意，因而极少使用，以至于渐渐鲜为人知。

但未承想，这个词义却在日本保存完好，并被汲取要义以激励社会精英，令人十分感叹！

"你弃之如敝屣，他待之若珠玉。"它让我常常想起这句话。

第七节　如实知自

"如实知自"是 2015 年日本和歌山县高野山无量光院住持土生川正道大人赠我的手笔之字，源于佛教中的《大日经》，本义是：如实了解自己，不自欺。

高野山是日本人的精神故乡。我很喜欢那里的环境和氛围，因此也最常去那里，这就得以有机缘与土生川住持年年见面并畅谈。

有一次，我问他："您这个寺院，每年都有中国人来参访和学习，并且中国相关佛教机构也派人来您这里进修，您对这些有什么感想？"他说："我总在想，如何把我掌握的中国文化内容，以最便捷的方式，尽快传回去！"话虽不长，但让我听了很感动！我问他为什么，他答道："日本文化源自中国，且不说其他，仅就佛教而言，没有唐代的玄奘等大译师们，我们日本的弘法大师找谁去学佛法呢？没有中国，日本在唐朝怎么会有佛教的扎根和发展？也更谈不上会有佛教的今天，所以我们哪怕是还回千分之一、万分之一都是应该的！念及之中恩泽，要时时感恩中国，感恩唐朝那些佛教与佛法的传播者，感恩生成这些文化的源泉！"刹那间，长老喷薄而出的大恩之语，令人深受触动，铭记肺腑。

他还说："中日人民是一衣带水的关系，一定要水乳交融般地和平相处。还要继续保持学习。"对此，土生川住持可不是口头上说说而已，他早已付诸了行动——在 20 世纪 80 年代末，他把长子（正贤法师，现为高野山大学教授）送到中国广州的中山大学，专门学习中国哲学，一去就是六年！我问他："您为什么要送儿子去中国读书呢？"他说："什么时候都不能忘记中国对日本的恩情，要时时记得感恩、报恩……"言语间，伴随着他那坚毅慈祥的目光，让我心中泛起无尽的涟漪，潸然泪下……

一语清言，无界无别；心寂音明，人我两忘。

很多亲切的情感，都是言不尽意的。

日本中国学京都学派创始人之一、思想家内藤湖南（内藤虎次郎，1866—1934 年，号湖南），在日本学界威望极高。他一生曾九次到中国，与中国当时社会名流及著名学者罗振玉、王国维、严复等均是好友。但他认为中国文化的优秀传统已经失传了，加之福泽谕吉（10000元面值日元上的经典人物）等持有同样思想的学者们的影响，使得少数日本民众产生了如下观念——他们接受中国古代的智慧，但不接受现代中国人的文化和思想理念。此观点虽然偏激，但仅凭言语沟通与辩论，是难以扭转心念的。而如何从自身做起，重拾中国优秀传统文化，葆有格物智慧，树立真实无伪的文化自信，才是改变日本人中国观的最重要举措。

古语言：善迹不如善果。有智慧的人，懂得用事实来展示力量，而不是凭借情绪去示威。因为，真谛在行间，不在唇间。

各位仁者，上场吧！与自己赛一场如何？

让良知，一路走，一路振作……不断做出令人"一生感动"的事情！

第四章　寿企与寿训

天地之大德曰生。

——《易经》

第一节　有道可传

对企业而言，谁最清醒，谁最虔诚，谁最稳固，谁最有远见与格局，谁最有道，谁就最有可能成为行业高标。

纵观那些葆有千年志气的匠人，伴随着将自己融入历史的意志，使自己的人生在各自领域，心无旁骛，一门深入，在个体生命不断成长的同时，也给他人提供了无数感动，同时亦裨益了社会！

而这些成功，均与他们各自葆有的家训密不可分。

《海国图志》是中国晚清著名学者魏源的代表作之一，这本书对日本明治维新之后的发展起到无法估量的作用。明治维新在《海国图志》中的"师夷长技以制夷"理念指引下，举国上下践行"取好用之"的学习方法，久而久之——"你的就是我的，我的还是我的"——这种学人所长、汲取优秀于一身的行为，不仅让国家越来越强大，也令个体生命越来越滂沛，更让社会越来越文明。

自古以来，文明的结构包含有制度文明、器物文明与精神文明。在这方面，有着1211年历史的日本传来工房就颇具代表性。传来工房的核心技术，是源于日本弘法大师入唐求法时所带回的青铜铸造技术。千年以来，它专为寺院、神社等铸造大型青铜制装饰金物，及至近代才逐渐演变为进入客制化的住宅事业市场，为社会提供住宅生活提案、建造房屋外观庭园的服务。他们从不进行任何推广活动，完全依靠品质与口碑运营。在现任社长桥本和良的带领下，即使跨越千年，也依然朝气蓬勃、盛茂绵绵。

奇怪的是，传来工房并没有业务员，它推行"人人都是董事长"

的理念。每个员工都做好自己的本分工作，同时也自己邀请客户到公司来参观，继而获得客户的安心与信赖，从而达成订单。这种"人人都是董事长"的育人方式，在日本的教师队伍中展现得最为鲜明与感人——日本中小学的校长，平均年龄接近50岁左右。为什么会这么大的年龄才走上校长的职位呢？是因为：日本教育部门规定，教师要把学校的每个岗位都经历过，才有资格做校长！这对教育管理和教学质量的保障，有着巨大的促进作用。

只有心中了了分明时，才会有得心应手之功。

这就是践行大道至简、以人为本的美馈。

传来工房与众多日本匠人老铺一样，也有自己的社是（家训）：

① 让充满艺术的空间给人送去梦想；

② 让所有与传来工房相关的人都认可公司的优秀；

③ 让传来工房成为所有人梦想实现的地方。

桥本和良社长说："传来工房是通过'环境整理、客人第一和质量至上'来实现企业的经营理念的。"具体表现在以下三个方面：

第一，传来工房非常注重环境整备——将礼仪、规则、清洁、整顿、安全，彻底贯彻在企业管理和教育中！再加上不遗余力地践行"5S"（日语发音都是S开头）：

① 整理。扔掉所有不需要的东西。

② 整顿。规定之物必须放在规定之处（固定位置、固定物品、固定数量），保持随时可以取出的状态。

③ 清扫。经常清扫，时刻保持现场整洁。

④ 清洁。维持以上"3S"的状态。每天保持清洁的不仅仅是卫生，还有自己的精神状态。也就是说，不仅要保持环境的干净有序，还要以"更加"饱满的精神状态与人打招呼。

⑤ 教养。严格遵守规则与秩序，保持堂堂正正的背影教育，扎扎实实地继承眼睛看不到的心和魂。

关于以上"5S"的实践，佐藤可士和说："整理，是一场与自身不安及暂且心态的战斗。若想打赢这场硬仗，必须有'舍弃的勇气'。"实际上，当你真正有了舍弃的决心时，你就会上瘾！

第二，传来工房对员工还做到了"四让"：让他思考、让他发言、让他行动、让他反省。

"四让"的基础是：不可凭感情发言，不可凭好恶判断，不可样样都等着人教。换言之，将自己的负面情绪发泄到其他人身上是不道德的。要让员工自己去创造，而不是成为等候指示的人。员工越主动，企业效益、服务质量、员工品格、企业满意度等就都会上升。而在创造让员工提意见的环境方面，还有一个特点：将"严格"变成一个产生乐趣的契机，在严格要求自己的过程中，出现任何问题，责任都是由公司经营者（社长）来承担。这个独具特色的温情人事制度，可以让员工将自己的创造力发挥到极致！这就是一个有道德的产品中，所蕴含着的包容与慈爱。

第三，传来工房要求人人牢记"信用与品质永远第一"的原则，这个品质也包括人的品质。谈及信用与品质，中国文化中早有言说，《宋书·江夷传》曾载："为国之道，食不如信。立人之要，先质后文。"二者千年同风！

两千七百多年前的齐相管子就强调"以人为本"。从传来工房的经营理念中可以发现：企业要想基业长青，绝对离不开人才的培养，并且这种培养是一个稳定而渐进的过程——"不积跬步，无以至千里；不积小流，无以成江海"。（《荀子·劝学》）在这个"造物育人"的过程中，所呈现出的千年传承的品质，不仅是对社会的贡献，更是一份独特的荣耀。

换言之,"造物育人"理念不仅是匠人精神与企业长青的核心之道,更是支撑企业传承千百年的窍诀所在。

有了这个"窍诀",则"一窍通,窍窍通",且无分行业!日本经营之圣稻盛和夫的事业案例,就是很好的佐证。

如果,能将这一个个有道可传的仁者们,比作世间良药的话,那他们就是"代天宣化丸"——是一群替天行道、代天化育生民的时贤,更是人中之宝!

第二节　寿训

经典是纯阳之物，读经典能补阳气。譬如，《黄帝内经》曰："恬淡虚无，真气从之，精神内守，病安从来？"是说，一个人如果能做到"恬淡虚无，真气从之，精神内守"，就不会生病，而不生病，那长寿就必然可期。古往今来的匠人们，几乎个个都能守念抱一，长期安住于"精神内守""神无妄动"的状态，不仅自己的身体难以得病，而且他们将这种气息贯彻到企业之中，那企业也必然是同气相求、难以得病，因而便能持久绵延。

下面这个数据，非常值得关注：不仅日本匠人企业的长寿指数是世界第一，日本人的平均寿命也是世界第一。据日本厚生劳动省 2020年 9 月 15 日发布报告称，全国 100 岁以上老人的数量再创历史新高，首次突破 8 万大关，达到 80 450 人，比去年增加了 9176 人，在 50 年连续增长中创下了历史最大增幅。根据现有数据预测，百岁老人的数量以后还会呈爆发式增长。另据日本厚生劳动省 2020 年 7 月发布的数据称，2019 年日本女性平均寿命为 87.45 岁，男性为 81.41 岁，二者亦创历史新高。

据前文所述，日本匠人企业长寿之道的核心与家训密不可分，那日本人的长寿状况又有什么核心理念在支撑呢？

这就要从一本书说起——

《传授健康生活方法》是一本风靡日本的书，作者是在日本备受尊敬的日野原重明（1911—2017 年）先生。他是日本提倡预防医学的第一人、国际内科学会会长、皇室家庭医师，也是全世界执业时间最久的医师之一。他曾获得日本政府颁发的日本文化勋章，也是日本音乐疗法学会首任会长。

日野原重明的伟大之处在于，他将"健检"带入了日本，通过推动"健康时就要保持定时体检"的理念，提醒人们注重自身与家人生活习惯，预防潜在疾患。在历经二十多年之后，成功将日本人患"成人病"——糖尿病、高血压等"生活习惯病"的概率大幅降低，为国民健康指数的提高，发挥了巨大推动作用，体现了《中庸》所言"凡事预则立，不预则废"的价值所在。

除了著作之外，日野原重明"倡导老年人积极展开社交生活"的理念，在日本更广为人知！他年过百岁之后，依然精神矍铄，思维敏捷，工作不辍，令人赞叹和向往。

据日野原重明所著日文版《生活的艺术》等书载：

他每天7点起床，凌晨2点休息，每天在医师岗位上服务患者18个小时，躺下3分钟即可入眠。他从不吃维生素、强壮剂之类的补品或药品，只是偶尔服用卵磷脂用以健脑。有人请教他长寿的秘诀，他说："很简单，就八个字：好生，好老，好病，好死。"他将这种理念贯穿于工作之中直至最后一刻，最终这位"人瑞医师"以105岁高寿辞世。

"好生，好老，好病，好死"这"四好"寿训，四者之间相互贯通，给世人提供了无限的心灵指引：

什么是"好生"？日野原重明在与日本小学生交流时曾说："我们为什么看不见生命呢？因为生命就是你拥有的时间。死去之后，就无法再利用自己的时间了。所以，请一定认真考虑如何利用这仅有一次的生命。进一步说，要学会为他人付出时间。"

什么是"好老"？他说："永远做新的事，就永远不会老。人生不只是活着，更要好好活，向所有偶然学习。"要向世界热情地张开双手，多认识新朋友，做没有做过的事，体验不同的生活，这样才能越活越年轻。

什么是"好病"？他说："要感激疾病所带来的内省机会，感受在一起的喜悦。"因为"疾病是上天的恩赐"。

什么是"好死"？他说："死亡与出生是一系列分不开的事，不，应该说就是同一件事。我们无法逃离死亡，也不需要逃离。并不是要一直盯着死亡看，也不是要逃避与背对，而是要让自己此刻生命过得更光彩灿烂，这才是真正与死亡成为一体的生活方式。"

环境不由自己选择，但道路却可以由自己开辟。日野原重明认为，人生只要不怕老、不怕病、不怕死，就能活出光彩来！这是对他"好生，好老，好病，好死"寿训理念的珍贵阐释。而他的一生，正是《论语》所言"仁者寿"的典范——清代方苞说："气之温和者寿，质之慈良者寿，量之宽宏者寿，言之简默者寿。故仁者寿。"性情温和，内心慈良，心胸宽大，言语简洁精准，这就是仁者的特质，更是生命长寿所必备的要因。这些特质，在日野原重明身上简直就是面面俱到！

晋代陶侃说："生无益于时，死无闻于后，是自弃也！"(《晋书·陶侃传》)活着时不能对国家有所贡献，死后也不能被后人传颂，这简直就是在自己糟蹋自己啊！而《易经》亦曰："天地之大德曰生。"人生最大的功德，莫过于给世界留下一片片生机。而日野原重明既没有糟蹋自己，还给世界留下了绵绵的生机——他本身就是大德！

"授人以鱼，不如授人以渔。"任何时代，送人散碎银子都不是最值钱的；最值钱的，就是你送给他（她）一个远大前程。日野原重明的"四好"寿训，很快就成为日本人的普遍共识，无数人将之践行于日常生活之中。日本70岁以上早晚锻炼的老人在公共场合随处可见。但最让我记忆深刻的是，2020年5月我在日本大阪府寝屋川市看到的一位打扮奇特的老人。

日本大阪府寝屋川市大河内老人

　　经过了解，上图中的老人名叫大河内，家住寝屋川市，今年已有89岁高龄，仍然独立生活。在这个城市，人们十多年来几乎每天都可以看到他一年四季短衣短袖、坚持运动的身影。

　　日本医生友人藤本明久博士告诉我：这位老人家虽然已经89岁了，但四肢上的肌肉还很明显，说明锻炼很久也很下功夫，非常难得。大河内老人每天走路锻炼时，身上的文字内容都引人驻足流连，上面写有他每天健身行动内容——前面：我才89岁，每天保持笑颜。后面：我才89岁，每天手扶着木棍，胳膊做前后伸展运动3000次，上下举的动作1000次，身体做退步屈伸动作1000次。人人看了都深受触动，备受砥砺！

他成了这个城市一道亮丽的风景线！

以上两位老人的鲜活经历，让我想起日本一个不争的事实：日本企业家普遍长寿，且匠人尤甚！如果仔细探究其中的共性，便会发现，他们一生中所贯彻的思想理念，与日野原重明"四好"寿训中"珍惜时间、永远向新、感恩磨难、抓住当下"的思想向度，简直就是异曲同工！

这些借由不同家训理念所生成的精神信仰，将生命安立于恢宏与深沉之中，并且"路路不相左、法法不相违"，一路广阔延展，深度

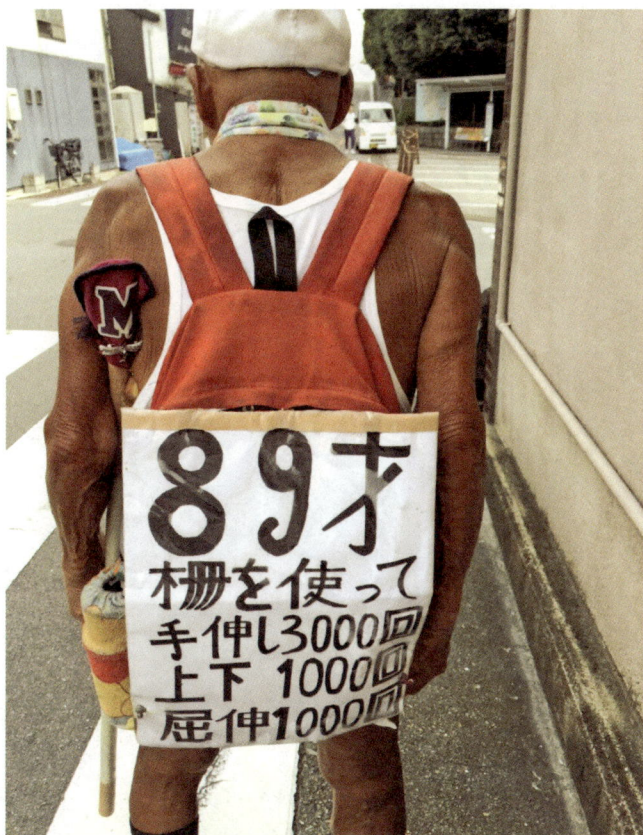

日本大阪府寝屋川市大河内老人后背的励人文字

夯实，直至成就了动人心弦的生命篇章——"这种喜悦，是你能让人：别开生面、心潮澎湃，喜不自禁又无以言表！"（《传心》）我们只能在心中感受他们的超越、超迈与超拔的大人气象。

也正是这一个个充满匠人精神的生命，才铸就了每个时代的家族价值、传承价值、行业价值、文明价值，乃至国家价值。

古往今来，总有一种灵魂的相契，站在如约的渡口，共赴一场精神的盛宴，让生命一路凯旋而去……

这种催人奋进、令人昂扬的美好，就是匠人精神源源不竭的魅力！

后记　请自隗始

2020 年 3 月 26 日，因新冠疫情，日本北海道知事铃木直道（1981年出生）宣布："北海道全境 1600 所中小学全部停课，所有后果由我本人负责。"他还希望北海道政府职员能够"请自隗始"，开展排查，做好防疫相关工作。

　　这句"请自隗始"出自《史记·燕召公世家》——当年燕昭王向郭隗请教如何招贤纳士，郭隗说："这很容易，你先把我给招了。别人一看，哇，你连郭隗都能招，那我也可以。"于是，燕昭王依言行事，以至于天下贤士纷至沓来。燕昭王十分开心！后来，"请自隗始"就成了"从我做起"的代名词。

　　而古往今来，世间诸业，万象森罗，无有十全十美者，但求取好用之，并请自隗始。

　　"山高风易起，海深水难量！能传法脉者，必有勤恒之助；能拓疆土者，必得灵明之佑；能明旁心者，必备忧人之德；能承盛名者，必遭谤非之挠；能进慧命者，必遇天人之师；能入芳华者，必存贞观之志！"（《会心》）

　　本书从日本传承千百年的优秀企业中，汲取其长寿的秘诀——家训，并从中梳理其文化脉络和中日文化之渊薮，提炼其精神源泉与价值动因，于别开生面之中，深入阐述中国文化的价值与魅力，为读者提供更饱满的文化自信与价值引擎视野，令生命的多元展示更加磅礴有力。

　　"参天之木，必有其根；怀山之水，必有其源。不知祖，不足以为道；不知古，不足以开来。"十多年前，我在河南洛阳周公庙中看到这句话时，长铭在心！

任何事物都不可能十全十美，因而我们要用翔实、客观的眼光去看待人与事——既不仰视，也不俯视，我们平视——敢于正视自己的弱点，也勇于承认他人的优秀，然后"取好用之"——我们只有不断地去了解外界，了解他人，才能充满无所畏惧的轻松。若能怀抱此心，则生命必定有坚韧和卓越相随。

怎么样？

发心吧！

本书 2020 年 3 月 12 日于日本大阪动笔，同年 6 月 20 日完稿。其能圆满写就与出版，由衷感恩本书的精神资源接引者——日本宝积株式会社的肖阳老师和日本甲南大学终身教授胡金定老师，他们为本书带来了日本老铺经营履践与文化价值的重要源泉。而刘勇成、赵阳两位仁者以及东方出版社姜云松老师的加持，亦令本书具足了增上缘。

汉代贾谊说："爱出者爱返，福往者福来"（《新书》）——仁慈的读者们若能从本书中获致些许心灵的芬芳，请感恩他们！

更祈愿读者们能从书中汲得浩然之气，再展精纯之心，为生命增加凯旋之力……

——米鸿宾

2021 年 3 月 8 日，于日本大阪十翼斋

作者其他作品

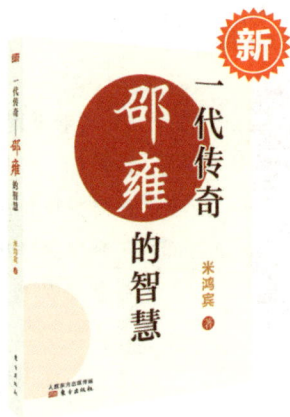

《一代传奇：邵雍的智慧》

这是一本理论性与趣味性兼具的国学著作，带您穿越千古，重回大宋，领略"北宋五子"翘楚人物邵雍的传奇人生，品读其出神入化的易学智慧和格物工夫，再现中华传统文化之经典魅力与超越时空的不朽价值！

内容简介

作者以简练敏慧之文笔，亲切感人之情识，恢弘高旷之视野，深入浅出之剖析，多角度展现一千年前的哲人翘楚邵雍一生所呈现的无量价值和不可思议的圣境。本书史料翔实，文笔精准，思想有力，故事精彩生动又饱含智慧，读来令人欢喜，受益无穷！

全书分别从邵雍的生平事迹及其时代文化背景、邵雍的著述、邵雍的易学思想及格物智慧等方面，展现了以邵雍为中心的北宋时期文化精英的生活状况和代表思想，并以此为切入点，阐述自先秦至明清，中国传统文化和哲学的理论意义、实践方法和应用前景。作者通过史实与思想相结合的写作方法，详细、生动地勾勒了一条以"宗经、涉事、守先、待后"为传承路径的中华文化核心脉络，并以《大学》中的"格物"智慧为津梁，解析中国智慧中磅礴圣贤工夫的抵达路径，是一部引导现代人了解中国优秀传统文化、学习中国哲学思想精华的上乘之作！

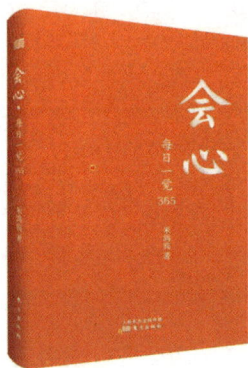

《会心：每日一觉365》

"智慧是财富的精华，更是最大的不动产！"本书是作者历经七年时间，对自己思想所作的365条微语记录，是作者基于真实的经历与感悟，抒发的关于觉悟生命智慧的箴言集萃。它围绕生命智慧展开，内容包罗万象，文字里蕴含的力度与深度，发人深省，见仁见智！

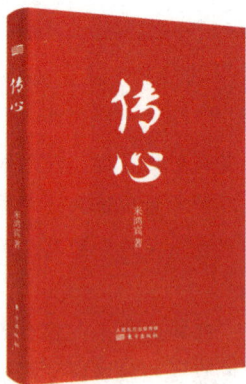

《传心》

"不要想着让自己有钱，而是要努力让自己值钱！这才是真正的安身立命。"本书是作者十年来感悟的提炼、智慧的结晶，365条微语看似简短，却蕴含着深远的人生哲学。它是一本觉悟生命智慧的集锦，集结了作者在学习与传播传统文化过程中的心得与体会，对人们修身养性具有深刻的启迪作用。

部分知名学者对米鸿宾老师的誉励

鸿宾兄真奇才！在治学上抓住了中国文化的命脉，并以此统领文化全景。

　　　　——两岸知名学者、台湾政治大学教授、华中师大国学院院长
　　　　　　　　　　　　　　　　　　　　　　　　　唐翼明教授

我对米鸿宾院长说："我的学问，您明白。您的学问，我不明白。不是谦虚，是那种学问，已经不在学院的范围。"

　　　　　　　　　　　　　　——百家讲坛主讲人　鲍鹏山教授

我非常希望把米老师的功夫和境界，能够通过我的方式表达出来！

　　　　　　　　　　　　　　　　　　——知名学者　余世存

米鸿宾山长是"中国古典教育大家"！

　　　　　　　　　　　　　　——日本人生塾塾长　横井悌一郎

米老师的语言文字，思深义密，很有文采，很有情彩，故很精彩！

——武汉大学哲学院博士生导师　麻天祥教授

我很佩服小米老师能够将传统文化的要义，以百姓日用的器物作为载体，如此简单通达地呈现出来！

——陕西师范大学文学院博士生导师　尤西林教授

我很喜欢十翼书院！还有，米老师的学问，就像是从天上掉下来似的，羚羊挂角，饱满而不可捉摸。

——中国文化书院秘书长、著名管学专家　苑天舒教授

图书在版编目（CIP）数据

一生感动：日本匠人精神与家训 / 米鸿宾 著 . — 北京：东方出版社，2021.11
ISBN 978-7-5207-2373-2

Ⅰ.①— ⋯　Ⅱ.①米⋯　Ⅲ.①职业道德—日本—通俗读物　Ⅳ.① B822.9–49

中国版本图书馆 CIP 数据核字（2021）第 183610 号

一生感动：日本匠人精神与家训
（ YISHENG GANDONG: RIBEN JIANGREN JINGSHEN YU JIAXUN ）

作　　者：米鸿宾
责任编辑：钱慧春　冯　川
出　　版：东方出版社
发　　行：人民东方出版传媒有限公司
地　　址：北京市西城区北三环中路 6 号
邮　　编：100120
印　　刷：北京文昌阁彩色印刷有限责任公司
版　　次：2021 年 11 月第 1 版
印　　次：2021 年 11 月第 1 次印刷
开　　本：680 毫米 ×960 毫米　1/16
印　　张：17.5
字　　数：218 千字
书　　号：ISBN 978-7-5207-2373-2
定　　价：68.00 元
发行电话：（010）85924663　85924644　85924641
